蕈菌多糖的制取及其综合利用

Preparation and Comprehensive Utilization of Fungal Polysaccharides

许春平　白家峰　马扩彦　贾学伟　洪鎏　赵琦　著

中国轻工业出版社

图书在版编目（CIP）数据

蕈菌多糖的制取及其综合利用/许春平等著. —北京：中国轻工业出版社，2019.9

ISBN 978-7-5184-2317-0

Ⅰ.①蕈⋯ Ⅱ.①许⋯ Ⅲ.①大型真菌—多糖—生产工艺 ②大型真菌—多糖—综合利用 Ⅳ.①Q539

中国版本图书馆CIP数据核字（2019）第094702号

责任编辑：张　靓　马　骁
策划编辑：张　靓　　　责任终审：劳国强　　封面设计：锋尚设计
版式设计：砚祥志远　　责任校对：晋　洁　　责任监印：张　可

出版发行：中国轻工业出版社（北京东长安街6号，邮编：100740）
印　　刷：艺堂印刷（天津）有限公司
经　　销：各地新华书店
版　　次：2019年9月第1版第1次印刷
开　　本：720×1000　1/16　印张：13.5
字　　数：230千字
书　　号：ISBN 978-7-5184-2317-0　定价：68.00元
邮购电话：010-65241695
发行电话：010-85119835　传真：85113293
网　　址：http://www.chlip.com.cn
Email：club@chlip.com.cn
如发现图书残缺请与我社邮购联系调换
180970K1X101ZBW

前言
PREFACE

  蕈菌，英文为mushroom，广义上专指那些具有显著子实体并可以鉴别的大型真菌，狭义则指伞形子实体，俗称"蘑菇"。蕈菌多糖是从大型蕈菌子实体、菌丝体和发酵液中分离出来的由多个单糖分子通过糖苷键连接而成的一类复杂的高分子活性化合物。蕈菌多糖由于其抗氧化、抗炎症、免疫调节和抗肿瘤活性等多种生物活性和安全无毒副作用而备受青睐。近年来，人们开始重视蕈菌及蕈菌多糖的研究与开发，已研制出一系列药品、化妆品、保健品和添加剂，比如香菇多糖、灰树花多糖和云芝多糖等已经工业化生产，并用于临床抗肿瘤治疗。内蒙古昆明卷烟有限责任公司将冬虫夏草经科学提纯配比，加入高档烟丝中，开发出"冬虫夏草"卷烟。科研人员研究发现，从各种蕈菌中提取多糖的化学结构、链构象和水溶性与其生物活性密切相关。

  为了深入研究蕈菌多糖的化学结构和生物活性，研究者对蕈菌的胞外多糖和胞内多糖进行了提取纯化，并对其进行化学结构和生物活性的分析，进而研究了蕈菌多糖的衍生化对其分子结构和生物活性的影响。为了扩大蕈菌多糖的应用范围，制备了蕈菌多糖基纳米材料并研究了其生物活性，并利用蕈菌多糖开发了一系列烟用添加剂，为蕈菌多糖在烟草行业的应用奠定了理论依据，也为新工艺、新产品开发提供技术支撑。

  本书分工如下：前言、第一章、第二章和第三章由郑州轻工业大学许春平完成；第四章、第五章和第八章由郑州轻工业大学贾学伟完成；第六、七章由广西中烟技术中心白家峰完成；第九章由重庆中烟技术中心马扩彦完成；第十章由云南中烟技术中心洪鎏完成；第十一章由南宁师范大学赵琦完成。

  本书的出版得到了食品生产与安全河南省协同创新中心的出版基金资助，在此表示诚挚的谢意。潘丽歌、张慧杰、王瑞瑞、吴双双、杨琛琛、李强等研究生在实验和编写方面做了很多协助工作，在此表示感谢。

  由于时间仓促和作者水平有限，疏漏和错误之处在所难免，敬请读者不吝指正。

著者

目 录
CONTENTS

第一部分
蕈菌多糖的制备及生物活性研究

1 搅拌方式对蕈菌胞外多糖的结构和生物活性的影响 / 3
   1.1 血红密孔菌胞外多糖 / 5
   1.2 二年残孔菌胞外多糖 / 17
   1.3 鸡油菌状灵芝胞外多糖 / 32

2 表面活性剂和有机溶剂处理对真菌胞外多糖结构和生物活性的影响分析 / 39
   2.1 二年残孔菌胞外多糖 / 42
   2.2 虎皮香菇胞外多糖 / 64
   2.3 小结 / 82

3 碳源对杨树桑黄和马勃状硬皮马勃胞外多糖分子结构及生物活性的影响 / 86
   3.1 杨树桑黄胞外多糖 / 87
   3.2 马勃状硬皮马勃胞外多糖 / 110
   3.3 小结 / 127

4 杨树桑黄子实体多糖的提取,结构及生物活性分析 / 131
   4.1 桑黄多糖的提取纯化 / 131
   4.2 桑黄多糖的结构及构象 / 133
   4.3 桑黄多糖的抗肿瘤活性 / 140
   4.4 小结 / 142

第二部分
蕈菌多糖的衍生化及生物活性

5 杏鲍菇多糖硫酸酯化条件优化及抗氧化活性 / 145
 5.1 胞外多糖的发酵及提取纯化 / 145
 5.2 真菌胞外多糖硫酸化修饰及化学结构分析 / 145
 5.3 真菌多糖及其硫酸酯的抗氧化能力 / 149
 5.4 小结 / 150

6 大球盖菇的硫酸酯化及抗氧化、抗菌活性 / 152
 6.1 胞外多糖化学结构分析 / 152
 6.2 胞外多糖及其硫酸酯的分子质量及分子参数 / 153
 6.3 胞外多糖及其硫酸酯抗氧化活性 / 154
 6.4 胞外多糖及其硫酸酯体外抑菌活性 / 155
 6.5 小结 / 156

第三部分
蕈菌多糖基纳米材料的制备及生物活性

7 利用真菌多糖合成对人体细胞低毒性的氧化锌纳米粒子 / 159
 7.1 ZnO-多糖纳米复合物的合成及表征 / 160
 7.2 纳米材料的细胞毒性研究 / 163
 7.3 纳米粒子在培养基中的释放行为研究 / 165
 7.4 小结 / 166

8 多糖基金纳米合金粒子的制备 / 167
 8.1 金纳米材料的制备及结构表征 / 168
 8.2 s-LNT 的浓度对氧化还原反应以及金纳米粒子形貌的影响 / 170
 8.3 反应时间对金纳米粒子合成及形貌的影响 / 171
 8.4 反应温度对金纳米粒子合成的影响 / 173
 8.5 金纳米粒子的分散机理 / 174
 8.6 小结 / 178

第四部分
蕈菌多糖的利用

9　提取柽柳核纤孔菌发酵多糖开发烟用香料 / 183
　　9.1　胞外多糖的提取、纯化及结构表征 / 183
　　9.2　柽柳核纤孔菌发酵多糖的抗氧化性研究 / 186
　　9.3　柽柳核纤孔菌发酵多糖转移率 / 187
　　9.4　柽柳多糖在卷烟中的应用效果 / 188
　　9.5　小结 / 189

10　硬毛栓孔菌发酵多糖的成分分析及其在卷烟中的应用 / 190
　　10.1　硬毛栓孔菌粗多糖的提取、纯化及结构表征 / 190
　　10.2　硬毛栓孔菌多糖在烟气中转移率的研究 / 193
　　10.3　硬毛栓孔菌多糖在卷烟中的感官评价 / 194
　　10.4　小结 / 195

11　槐栓菌胞外多糖组分分析及在烟草薄片中的应用 / 196
　　11.1　胞外多糖的提取、纯化及结构表征 / 196
　　11.2　槐栓菌 EPS 的热重分析 / 199
　　11.3　添加槐栓菌 EPS 后烟草挥发性成分同时蒸馏萃取及
　　　　　 GC/MS 分析 / 200
　　11.4　小结 / 205

第一部分
蕈菌多糖的制备及生物活性研究

1
搅拌方式对蕈菌胞外多糖的结构和生物活性的影响

微生物多糖主要是指由大部分细菌、少量真菌和藻类产生的多糖。由于微生物多糖具有生产周期短、副作用小、安全性高和理化性独特等优点，广泛应用于食品和非食品工业及医药领域。微生物多糖主要有三种存在形式：胞壁多糖、胞内多糖和胞外多糖，而通过深层液体发酵进行工业化生产的主要是胞外多糖。能够产生胞外多糖的微生物种类很多，但真正应用于工业化生产的仅十几种。微生物多糖已作为凝胶剂、成膜剂、保鲜剂和乳化剂等广泛应用于食品和非食品工业领域，且真菌多糖具有免疫调节、抗肿瘤、抗氧化等特性在医药领域具有巨大的潜在价值。目前主要采用液体深层发酵法生产微生物胞外多糖，能够不受外界环境条件的限制，具有较强的市场竞争力和广阔的发展前景。

但是，近年来节能降耗已成为人们关注的焦点，工业发酵过程中高额的电量消耗已经制约了工业生物发酵行业的扩大生产，同时也加大了生产的成本。目前，如何降低成本和能源消耗，提高发酵单位产能已是急需解决的问题。而为了达到这个目的，除了合理优化工艺操作过程，正确选择发酵罐的搅拌方式也是保证生物发酵过程实现高产量和节约能源的重要保证。发酵罐中搅拌的作用具体体现在搅拌器的剪切作用和循环作用两个方面，共同构成了搅拌对发酵液的控制。剪切作用主要是控制气泡的细化和分散及气固液三相的传质；循环作用则主要是控制气泡的扩散、传热、物料混合和温度的均衡。

目前，发酵罐的搅拌系统各种各样。发酵液可以通过搅拌流动，增加气液两相的传质来提高溶氧量，且可以使发酵罐中发酵液相互充分混合，并使固相物料均匀悬浮在发酵液中，极有利于菌丝体吸收营养物质及发酵产物的分散。不同的发酵罐搅拌方式不同，发酵液可产生轴向流动和径向流动，且不同的搅拌桨所产生的液体流向差别也很大。一般搅拌罐在下部通气，所以常在底层进气口附近设径流型搅拌器，底层以上设置轴流型搅拌器。此种组合不仅可以提高传质效率，减少功率的消耗，且对于剪切力敏感的微生物在发酵过程中还能减小剪切力，增加产品的稳定性和产量。

真菌液体深层发酵对搅拌速度有很高的要求。过高的搅拌速度不但耗能高，且破坏菌体，造成菌丝过细，进而引起菌丝体自溶和减产、泡沫增加等，进而从整体上影响发酵产物的产量，所以，一般采用降低搅拌速度的方法来降低剪切力；但是过低的搅拌速度又不能满足菌丝体对氧气的需求，不能提供必要的通气量。一般许多丝状真菌都以游离菌丝体或菌丝球生长，菌丝体生长代谢过程中生理形态会发生变化，而次生代谢产物的产生也要求菌体在形态上存在差分。在发酵罐扩大培养中影响菌丝体形态的因素有很多，其中搅拌剪切力的影响较为显著，尤其是在搅拌式发酵罐中。较高的搅拌速度产生的高剪切力除损坏菌丝形态外，也会抑制菌体的生理特性。如黑曲霉发酵生产柠檬酸时，在不同搅拌速度下分别检测了几种关键酶，研究发现异柠檬酸脱氢酶和顺乌头酸酶的活性随着搅拌速度的增加而增加，但柠檬酸合成酶的活性却下降，使得柠檬酸不能得到积累。使用气升式发酵罐生产黄原胶，和搅拌罐相比，能有效提高发酵水平，缩短黄原胶的发酵周期，降低能耗。衣康酸发酵生产中，气升式发酵罐和搅拌式发酵罐相比，前者的产酸量提高了14%，转化率提高16%，生产能力提高了38%。

目前，不同搅拌方式对真菌多糖结构和活性影响的研究鲜有报道，但是对于其他多聚物产物的影响已有一些研究发现。例如，针对300m³ L-赖氨酸发酵罐中搅拌器不能满足传质混合要求的情况，对搅拌桨进行了改造，并采用CFD软件对搅拌桨改造前后的搅拌情况进行了数字模拟，结果表明改造后的搅拌桨强化并改善了气液传质混合，且 L-赖氨酸的糖酸转化率提高了2%。

本工作采用的两种不同的发酵罐，即通用机械搅拌通风发酵罐和气升式发酵罐，研究不同的搅拌方式对真菌形态及代谢产物的产量、结构和活性的影响。机械搅拌通风发酵罐的搅拌器可以使发酵液产生轴向流动和径向流动，便于混合和传质，它使通入的空气分散成气泡并与发酵液充分混合，使气泡破碎以增大气-液界面，获得菌体生长所需的溶氧，并使细胞悬浮分散于发酵体系中，以维持适当的气液固三相的混合与质量传递，同时强化传热过程。搅拌叶轮大多采用径向流的涡轮桨，目前也常采用轴向流搅拌桨代替径向流的涡轮桨；气升式发酵罐的原理是借助在环流管底部的喷嘴将空气以250~300m/s的高速喷入环流管，使气泡分散在培养基中。由于环流管内部的液体

1 搅拌方式对蕈菌胞外多糖的结构和生物活性的影响

溶有大量气泡,其密度明显小于反应器主体中培养液的密度。该反应器正是借助这两者之间的密度差使培养液在环流管与反应主体间作循环式运动,把反应主体中由于菌体代谢而溶氧量低的培养液送入环流管,待培养液补充氧气后再送回反应主体,从而为菌体生长提供良好充足的氧气供应。和搅拌罐相比,气升式发酵罐不会对微生物产生剪切破坏。

1.1 血红密孔菌胞外多糖

本工作以在不同搅拌方式下血红密孔菌液体深层发酵所产的胞外多糖为研究对象。通过单因素实验和统计学方法优化了生产胞外多糖(exopolysacchride,EPS)的最佳发酵条件,结果表明血红密孔菌最佳培养时间为8d,最佳碳氮源分别为葡萄糖和大豆粉。研究了发酵过程中菌丝体的产量及形态学变化,在真菌搅拌式发酵罐条件下血红密孔菌产 EPS 的量高于气升式发酵罐;在形态学方面,随着培养时间的增加,气升式发酵罐中菌丝球的平均直径和粗糙度高于搅拌式发酵罐,而圆度和紧密度低于搅拌罐。通过使用凝胶层析、气相色谱仪、红外光谱仪、热重分析仪和刚果红实验对不同搅拌方式下所得胞外多糖分进行了初步分子表征;血红密孔菌搅拌罐和气升罐胞外多糖均为单组分多糖,分子质量分别为 462.97ku 和 54.999ku,均为含有葡萄糖和甘露糖的酸性 β-吡喃糖,主要单糖组成分别为甘露糖:葡萄糖:半乳糖=3.41:2.41:1 和葡糖糖:甘露糖:半乳糖=30.98:1.50:1,降解温度分别为 152℃和 116℃,空间构象均为无规则卷曲。采用水杨酸法和 DPPH 法测定胞外多糖的抗氧化活性,随着血红密孔菌胞外多糖浓度的增加,其对·OH 和·DPPH 的清除能力呈增大趋势,且搅拌罐胞外多糖对·OH 和·DPPH 的清除率高于气升罐胞外多糖的清除率。

1.1.1 液体培养条件优化

本工作采用实验室常用的摇瓶培养法,由于其发酵体积小,可用于最佳培养时间和培养基成分的优化,为后期大规模的发酵罐生产奠定基础。优化过程如下:

(1) 种子的制备 将冰箱保存的菌株转接到 PDA 平板上,26℃恒温培养 8d。使用打孔器,在平板上靠近菌株生长边缘的位置取两块 0.5cm²、长满新生菌丝的接种块，接种于基础培养基中。将锥形瓶放入摇床，于26℃、160r/min条件下培养4d后取出，加入灭菌的磁珠和适量玻璃珠，用磁力搅拌器搅拌2h，将培养物打碎，即可将其作为种子接种，接种量为4%。

（2）最适培养时间的确定　使用基础培养基接种培养，定期抽取培养物（每隔2d取一次），测定其菌丝产量和EPS产量，分别平行3次取平均值，确定其最佳培养时间。

（3）单因素实验确定最佳培养条件　用蔗糖、果糖、麦芽糖、木糖、山梨醇和乳糖分别替代基础培养基中的葡萄糖，经接种培养后，每个实验组平行3次，测定各个锥形瓶中的菌丝产量和EPS产量。

用$NaNO_3$、尿素、胰蛋白胨、多价胨、酵母粉、大豆粉、玉米粉和蛋白胨分别替代基础培养基中的蛋白胨，经接种培养后，每个实验组平行3次，测定各个锥形瓶中的菌丝产量和EPS产量（采用苯酚硫酸法）。

不同培养时间内，血红密孔菌菌丝干重和EPS产量的变化见图1.1，第8天EPS产量达到最高为1.31g/L，菌丝干重整体变化不明显。所以，最终确定最佳培养时间为8d。

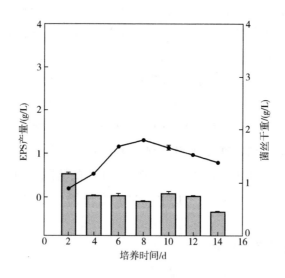

图1.1　血红密孔菌菌丝干重和EPS产量随培养时间的变化
（■菌丝干重，●EPS产量）

血红密孔菌碳氮源优化结果见图1.2。结果表明，碳源对血红密孔菌菌丝干重有一定的影响，对EPS的产量影响较小［图1.2（1）］，综合考虑，在以后的试验中将选用葡萄糖为最佳碳源；菌丝干重和EPS产量分别在使用酵母粉和大豆粉时达到最大［图1.2（2）］，最终选择了大豆粉作为最佳氮源进行后续试验；因此，可确定两个影响血红密孔菌EPS产量的主要因素：葡萄糖和大豆粉。

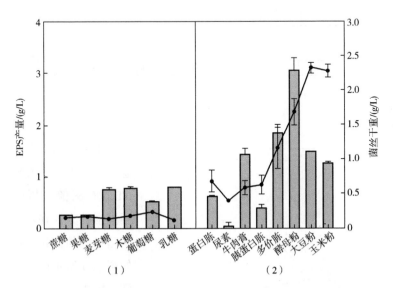

图1.2　不同培养基成分对血红密孔菌菌丝干重和EPS产量的影响

（■菌丝干重，● EPS产量）

1.1.2　血红密孔菌胞外多糖产量和形态学变化

本工作对不同搅拌方式下（机械搅拌和气升罐），血红密孔菌胞外多糖的产量进行了检测，还对发酵过程中菌丝球的各种形态学参数进行了分析。

发酵罐发酵：5L的发酵罐装入优化培养基3.5L，离位灭菌后冷却、接种。设置发酵罐控制参数：温度26℃，搅拌速度160r/min，进气量2vvm。自接种开始，每隔48h取样一次。

样品的处理流程见图1.3。

如图1.4所示，搅拌罐中EPS产量高于气升罐产量。搅拌罐发酵液中EPS产量随着培养时间的延长而增加，第4天后开始下降，而气升罐EPS产量从第2天就开始下降。采用DT2000图像分析软件分析不同搅拌方式下不同发酵时间菌丝球各形态参数的变化，其中，紧密度=菌核面积/菌丝球面积；粗糙度=（菌丝球的周长）^{2}/（面积×4π）。

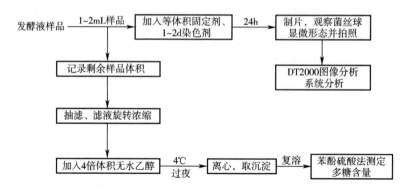

图 1.3 发酵罐样品处理流程

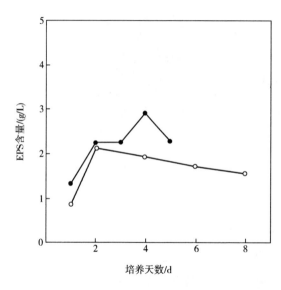

图 1.4 血红密孔菌 EPS 产量的变化
(●搅拌罐，○气升罐)

不同发酵时间菌丝球形态变化见图 1.5，采用 DT2000 图像分析软件分析不同搅拌方式在不同发酵时间菌丝球的性状，见图 1.6。如图 1.5 所示的图片可以看到，搅拌式发酵罐和气升式发酵罐发酵生产胞外多糖时菌丝球形态明显不同。搅拌罐菌丝球在第 3 天已有较明显的菌核，到第 4 天菌核外的部分变得稀薄，到第 5 天菌丝球外围菌丝被搅拌罐产生的剪切力打散，只剩菌核。而气升罐在第 4 天时发现有明显的菌核，从第 1 至 4 天内菌丝球外围菌丝相互纠缠，第 6 天较为蓬松，到第 8 天时外围菌丝过度蓬松，且相互缠绕。总体来说，在培养初期搅拌罐菌丝球平均直径略大于气升罐，但到培养中后期气升罐菌丝球体积明显大于搅拌罐中的菌丝球［图 1.6 (1)］。搅拌罐和气升罐菌丝球紧密度变化均不规则，呈先增加后下降再增加的趋势［图 1.6 (3)］。搅拌罐和气升罐中菌丝球的圆度和粗糙度变化基本一致，圆度急剧下降后略有升高［图 1.6

（2）]，粗糙度先增加后略有下降 [图1.6（4）]，气升罐培养初期稍有波动。

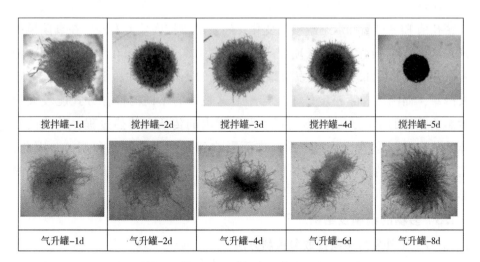

图1.5　血红密孔菌菌丝球形态随时间的变化

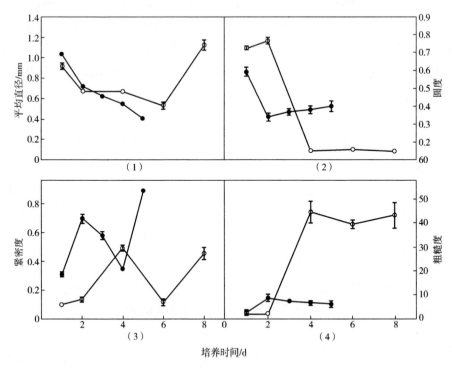

图1.6　血红密孔菌菌丝球各形态参数随时间的变化

（●搅拌罐，○气升罐）

小结

通过发酵罐、显微拍摄和其他实验室常用仪器研究了不同搅拌方式下血红密孔菌 EPS 产量和形态学参数变化。经发酵罐扩大培养发现，在真菌搅拌式发酵罐条件下血红密孔菌 EPS 产量高于气升式发酵罐；在形态学方面，随着培养时间的增加，气升式发酵罐中菌丝球的平均直径和粗糙度高于搅拌式发酵罐，而圆度和紧密度低于搅拌罐。这是因为不同的搅拌方式能较大程度影响菌株的生长，从而影响到了发酵罐内的传质和传热过程，致使菌丝体的代谢和形态等均受到影响，进而影响到发酵罐的控制和调节。因此，选择不同类型的发酵罐对菌株的生长代谢以及最终产物的获得均有较大的影响。

1.1.3 多糖的精制及结构表征

1.1.3.1 胞外发酵多糖提取和精制方法

（1）发酵完成后离心去除菌丝体等，将所得发酵液水相浓缩，加入 4 倍体积的无水乙醇沉降过夜，离心取沉淀，并将其冷冻干燥，即得粗多糖。

（2）Sevage 法除蛋白，将胞外多糖溶于适量蒸馏水，加入 1/3 多糖溶液体积的氯仿/正丁醇（5∶1）混合液，磁力搅拌 0.5h，离心取水相；再次加入 1/3 多糖体积的氯仿/正丁醇（5∶1）混合液，重复上述操作，至两相间无明显的蛋白沉淀。

（3）胞外粗多糖的精制使用层析柱对胞外多糖进行分离和纯化。层析柱（2.5cm×60cm）填料为 Sepharose CL-6B，缓冲液为 0.2mol/L NaCl。称取精多糖 40mg，用 1mL 0.2mol/L NaCl 缓冲液溶解，过 0.22μm 的水膜，上柱，用缓冲液以 1mL/min 的流速洗脱，部分收集器收集，5min/管。每管取 1mL，用硫酸-苯酚法检测多糖，用紫外-可见分光光度计在波长 280nm 处直接检测蛋白。重复上柱 3 次，按照检测结果将同一组分的多糖收集在一起，浓缩透析（透析袋相对分子质量 3500）后，冷冻干燥，即为精制多糖。

血红密孔菌胞外多糖的纯化结果见图 1.7。由图可知，Sepharose CL-6B 羧甲基琼脂糖凝胶柱分别分离血红密孔菌搅拌式发酵罐［图 1.7（1）］和气升式发酵罐［图 1.7（2）］胞外多糖，均得到一个组分。重复上柱 3 次，得到的检验结果一致。气升罐组分对应的样品收集管中，有少量的蛋白吸收峰，说明组分中可能含有部分糖蛋白。将组分收集起来，浓缩、透析、冷冻干燥，得到血红密孔菌搅拌罐和气升罐胞外多糖纯品。

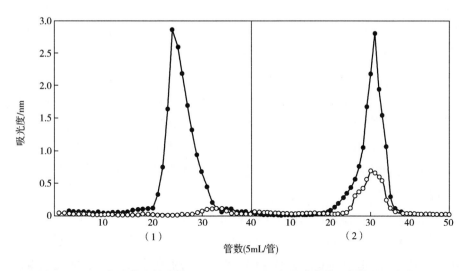

图 1.7 血红密孔菌胞外多糖经 Sepharose CL-6B 柱后多糖和蛋白的测定结果

(● 490nm 测定多糖，○ 280nm 测定蛋白)

1.1.3.2 多糖结构表征方法

（1）凝胶层析测定分子质量　将 Sepharose CL-6B 羧甲基琼脂糖凝胶层析柱（2.5cm×60cm），用 0.2mol/L NaCl 溶液按 1mL/min 的恒定流速平衡 24h。蓝色葡聚糖（M_W 2000ku）和各标准糖的上柱浓度均为 25mg/mL，先用蓝色葡聚糖洗脱得到外水体积 V_0，再分别用分子质量（ku）为 T10、T40、T70、T150 的标准品上柱。分别取流出液 1mL，用苯酚-硫酸法在 490nm 波长处检测糖峰，分别求得它们的洗脱体积 V_e。以 K_{av} 为横坐标，分子质量的对数为纵坐标作图，绘制标准曲线。求得样品的 K_{av}，根据标准曲线求得对应的分子质量。其中 K_{av} 和 V_t 的计算公式如下：

$$K_{av} = (V_e - V_0)/(V_t - V_0) \tag{1.1}$$

$$V_t = \pi(D/2)^2 \times h \tag{1.2}$$

式中　V_0——外水体积；

V_t——柱床体积；

V_e——洗脱体积；

D——层析柱直径；

h——层析柱高。

（2）单糖组分分析　称取精制多糖 0.003g，加入棕色小瓶中，加入 3mL

2mol/L 的三氟乙酸,于 121℃下水解 2h;用 0.22μm 的水相滤膜过滤,取滤液,使用旋转蒸发器旋干,加入 2mL 左右甲醇再次蒸干,重复 3 次;加入 0.9mL 吡啶溶解,再加入 0.1mL BSTFA:TMCA(99:1),80℃保存 2h;用 0.22μm 有机膜过滤于气相瓶中,即可用于进样。使用的气相条件:HP-5 MS 60m 色谱柱,进样量 0.1μL,分流比 50:1,延迟时间 7min,进样口 280,传输线 280。升温程序:起始温度 60℃,以 5℃/min 的速度升温至 280℃,保持 20min。

(3)红外光谱法 称取一定量的多糖样品送样检测。

(4)不同温度下胞外多糖的稳定性变化 称取 15mg 多糖样品送样,从室温升高到 700℃。

凝胶层析测定血红密孔菌胞外多糖分子质量。

如图 1.8 所示,血红密孔菌搅拌罐和气升罐胞外多糖的分子质量分别为 462.977ku 和 54.999ku,搅拌罐胞外多糖的分子质量约为气升罐的 8.42 倍。

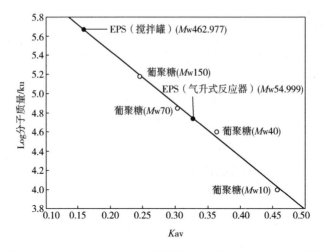

图 1.8 Sepharose CL-6B 层析柱测定血红密孔菌 EPS 分子质量

1.1.3.3

(1)血红密孔菌胞外多糖单糖组分分析 不同搅拌方式下血红密孔菌胞外多糖气相色谱分析结果见表 1.1。由表可知,血红密孔菌搅拌罐胞外多糖含有 7 种单糖,且主要单糖成分为甘露糖 42.01%,葡萄糖 29.61%,半乳糖 12.31%(甘露糖:葡萄糖:半乳糖=3.41:2.41:1)。气升罐胞外多糖含有 6 种单糖,主要单糖成分为葡萄糖 90.78%,甘露糖 4.40%,半乳糖 2.93%

(葡萄糖∶甘露糖∶半乳糖＝30.98∶1.50∶1)。

表1.1　　　　血红密孔菌胞外多糖气相色谱图分析对比表

单糖	含量/%	
	搅拌罐	气升罐
核糖	5.07	—
木糖	10.40	0.73
半乳糖	12.31	2.93
葡萄糖	29.61	90.78
甘露糖	42.01	4.40
海藻糖	0.46	0.54
鼠李糖	0.15	0.62

(2) 血红密孔菌胞外多糖红外光谱分析　不同搅拌方式下血红密孔菌胞外多糖红外光谱对比图见图1.9，红外光谱图分析结果见表1.2。

由图1.9和表1.2可知，$2.92×10^3 cm^{-1}$左右有吸收峰，这是糖类C—H键的伸缩振动，是糖类的特征吸收峰；在$1.64×10^3 cm^{-1}$、$1.07×10^3 cm^{-1}$左右有吸收峰，说明有羧酸存在；在$1.1×10^3 \sim 1.01×10^3 cm^{-1}$之间出现3个吸收峰是常见的吡喃糖环内酯和羟基的共振吸收峰，其中$1.1×10^3 cm^{-1}$左右处中等吸收

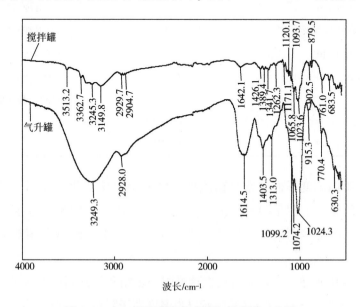

图1.9　血红密孔菌胞外多糖红外光谱对比图

峰、$1.07×10^3 cm^{-1}$ 处强的吸收峰和 $1.02×10^3 cm^{-1}$ 处很强吸收峰是糖环内酯 C—O—C 特征吸收峰，为 C—O—C 的不对称伸缩振动，构成了糖类的特征吸收峰，也是葡聚糖典型的红外光谱信号；在指纹图谱区域 $8.9×10^2 cm^{-1}$ 左右有吸收峰为 β-吡喃糖苷键的特征吸收峰，是由于 β-吡喃糖苷键 C—H 变形振动造成的；在 $8.0×10^2$ 左右处有中等吸收峰说明有甘露糖结构；在 $6.1×10^2 cm^{-1}$ 存在吸收峰为溶剂残留峰。血红密孔搅拌罐多糖在 $1.34×10^3 \sim 1.17×10^3$ 之间出现阶梯异峰主要是由于脂肪烃基的 C—H 弯曲振动，脂基的 C—O—C 及脂肪酮基团产生了振动吸收峰，这可能是在酯中存在 α 和 β 构型，引起多重吸收峰的出现；综上所述，血红密孔搅拌罐胞外多糖和气升罐胞外多糖均为含有甘露糖和葡萄糖结构的酸性 β-吡喃糖。

表1.2　　　　　　　血红密孔菌胞外多糖红外光谱分析结果

红外吸收/cm^{-1}	可能官能团	振动方式
$3.51×10^3 \sim 3.15×10^3$	X—H (X=O, N)	X—H 伸缩振动
$2.93×10^3$	—CH_2	C—H 伸缩振动
$2.16×10^3$	—C≡N 或 —C≡C—	伸缩振动
$2.04×10^3$	C≡C	伸缩振动
$1.64×10^3$	—COO	C=O 非对称伸缩振动
$1.39×10^3$	—CH_2	C—H 变形振动
$1.34×10^3 \sim 1.17×10^3$	C—H	C—H 变形振动
$1.26×10^3$	C=O	C=O 伸缩振动
$1.1×10^3 \sim 1.01×10^3$	C—O—C	C—O—C 伸缩振动
$8.9×10^2$ 左右	β-吡喃糖苷键特征峰	吡喃环 C—H 变形振动
$8.0×10^2$ 左右	甘露糖的结构	
$6.1×10^2$	溶剂残留峰	

（3）不同温度下血红密孔菌胞外多糖的稳定性变化　在不同的应用领域，多糖的热稳定性是很重要的，热重分析是通过测定不同温度下多糖质量的变化来确定多糖的热稳定性。不同搅拌方式下血红密孔菌热重分析见图1.10。

如图1.10所示，血红密孔菌搅拌罐胞外多糖和气升罐胞外多糖的降解温度（T_d）分别为152℃和116℃，所以当温度高于降解温度时，多糖会发生分

1 搅拌方式对草菇胞外多糖的结构和生物活性的影响

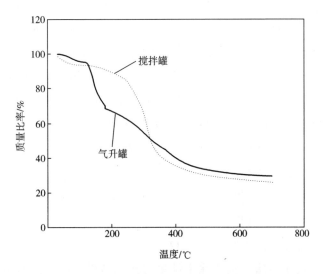

图1.10 不同温度下血红密孔菌胞外多糖稳定性变化

解现象。另外，搅拌罐和气升罐胞外多糖急剧降解温度分别为298℃和177℃，且最终残留量分别为25.61%和29.24%。综上所述，血红密孔菌搅拌罐和气升罐胞外多糖均表现出较高的热稳定性，而且搅拌罐和气升罐胞外多糖分别表现出不同的热稳定性和降解行为，这可能是由于含有不同的单糖组成成分。

1.1.4 多糖的抗氧化活性应用研究

多糖的抗氧化活性应用研究试验方法如下。

（1）水杨酸法测定胞外多糖·OH的清除能力　实验组分别加入1mL不同浓度的多糖溶液、1mL 9.0mmol/L $FeSO_4$ 溶液、1mL 9.0mmol/L 水杨酸-乙醇溶液，最后分别加入1mL 8.8mmol/L H_2O_2 启动反应，37℃反应30min，用蒸馏水调零，在510nm下测量各浓度的吸光度。空白组以蒸馏水替代多糖溶液，对照组以蒸馏水替代8.8mmol/L H_2O_2 溶液。均平行3次，取其平均值。按照公式（1.3）计算羟基清除率。以胞外多糖浓度为横坐标，羟基清除率为纵坐标作图。

$$\cdot OH 清除率(\%) = [(A_0-(A_x-A_{x0}))/A_0] \times 100\% \tag{1.3}$$

式中　A_0——空白组的吸光度；

A_x——加入多糖溶液后的吸光度；

A_{x0}——对照组的吸光度。

(2) DPPH法测定胞外多糖·DPPH的清除能力　实验组分别加入2mL不同浓度的多糖溶液及2mL 0.1g/L的DPPH自由基50%乙醇溶液，摇匀，于25℃温度下放置1h，用50%乙醇溶液调零，在517nm波长下测定其吸光度。空白组以蒸馏水替代多糖溶液，对照组以50%乙醇溶液替代0.1g/L的DPPH自由基50%乙醇溶液。平行3次，取其平均值。按照式（1.4）计算·DPPH清除率，以胞外多糖浓度为横坐标，·DPPH清除率为纵坐标作图。

$$\cdot \text{DPPH清除率} = [1-(A_i-A_j)/A_0] \times 100\% \quad (1.4)$$

式中　A_i——实验组吸光度；

　　　A_j——对照组吸光度；

　　　A_0——空白组吸光度。

血红密孔菌抗氧化活性见图1.11。如图1.11（1）所示为血红密孔菌搅拌罐和气升罐胞外多糖羟基清除率结果对比。结果表明，随着胞外多糖浓度的增加，其对羟基自由基的清除能力呈增大趋势，且搅拌罐胞外多糖的最大羟基清除率稍高于气升罐胞外多糖最大羟基清除率。搅拌罐和气升罐胞外多糖浓度分别达到14mg/mL和18mg/mL的时候羟基清除率达到最大，分别为60.42%和58.11%。如图1.11（2）所示为血红密孔菌搅拌罐和气升罐胞外多糖·DPPH清除率结果对比。结果显示，·DPPH清除率随着胞外多糖浓度的

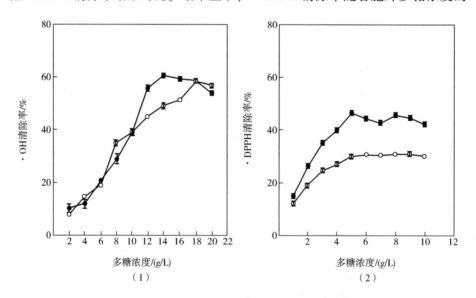

图1.11　血红密孔菌胞外多糖抗氧化能力浓度效应图

（●搅拌罐，○气升罐）

1 搅拌方式对蕈菌胞外多糖的结构和生物活性的影响

增加而增加,且搅拌罐胞外多糖的清除率高于气升罐。搅拌罐中当浓度达到5mg/mL的时候羟基清除率达到最大为46.36%,气升罐中当浓度达到5mg/mL的时候清除率达到最大为30.34%,这些结果显示,二年残孔菌搅拌罐和气升罐胞外多糖均具有较高的自由基清除能力,且搅拌罐胞外多糖的抗氧化能力高于气升罐胞外多糖。

1.2 二年残孔菌胞外多糖

本工作以不同搅拌方式下,二年残孔菌液体深层发酵所产的胞外多糖为研究对象。首先通过单因素实验和统计学方法优化生产胞外多糖(exopolysacchride, EPS)的最佳发酵条件,并研究了发酵过程中菌丝体的形态学变化;其次,通过使用凝胶层析、气相色谱仪、红外光谱仪、热重分析仪和刚果红实验对不同搅拌方式下所得胞外多糖分进行初步分子表征;第三,采用水杨酸法和DPPH法测定胞外多糖的抗氧化活性;最后,研究二年残孔菌搅拌罐胞外多糖的加入对烟叶内部香味物质的种类和含量的影响。

结果表明,二年残孔菌最佳培养时间为8d,最佳碳氮源分别为乳糖和胰蛋白胨。二年残孔菌搅拌罐和气升罐胞外多糖为分子质量分别为22.071ku和17.301ku的单组分多糖,含有β-糖苷键,主要单糖组成分别为葡萄糖:甘露糖:半乳糖=3.32:1.95:1和甘露糖:葡萄糖:半乳糖=9.10:6.58:1,降解温度分别为115℃和100℃,空间构象均为无规则卷曲。二年残孔菌·OH清除率和·DPPH清除率随着胞外多糖浓度的增加而增加,且搅拌罐和气升罐胞外多糖的抗氧化能力相差不大。加入二年残孔菌胞外多糖后酯和内酯类、酚类的含量则表现出上升趋势,酮类、醇类、醛类、呋喃类、氮杂环类的含量表现出下降趋势,其中醇类、氮杂环类含量下降明显。可以减轻烟气刺激性、改善和修饰卷烟香气,进而提高烟气整体的品质。

1.2.1 二年残孔菌培养条件的优化

优化方案同1.1.1,优化结果如下:

根据培养时间内,二年残孔菌菌丝干重和EPS产量的变化(图1.12),确定最佳培养时间为8d,此时目标产物EPS的产量达到最大。

二年残孔菌碳氮源的优化见图1.13。结果表明,乳糖作为碳源时二年残孔菌菌丝干重和EPS产量均达到最大[见图1.13(1)],所以选择乳糖

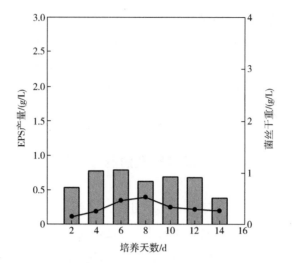

图1.12　二年残孔菌菌丝干重和EPS产量随培养时间的变化

(■菌丝干重，●EPS产量)

为最佳碳源；二年残孔菌菌丝干重和EPS产量分别在使用酵母粉和胰蛋白胨时达到最大［见图1.13（2）］，最终选择胰蛋白胨作为最佳氮源进行后续试验。

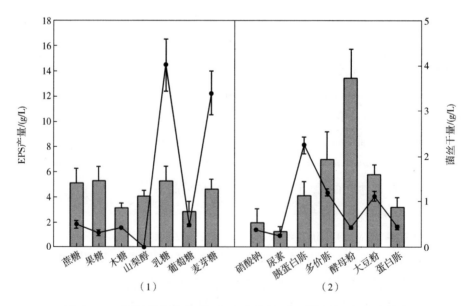

图1.13　不同培养基成分对二年残孔菌菌丝干重和EPS产量的影响

(■菌丝干重，●EPS产量)

1.2.2 胞外多糖的分离纯化及其结构分析

（1）二年残孔菌胞外多糖的纯化　二年残孔菌胞外多糖纯化结果见图 1.14。Sepharose CL-6B 层析住分别分离二年残孔菌搅拌式发酵罐［图 1.14（1）］和气升式发酵罐［图 1.14（2）］胞外多糖，均得到一个组分。重复上柱 3 次，得到的检验结构一致。组分对应的样品收集管中，有少量的蛋白吸收峰，说明组分中可能含有部分糖蛋白。将组分收集起来，浓缩、透析、冷冻干燥，得到二年残孔菌搅拌罐和气升罐胞外多糖纯品。

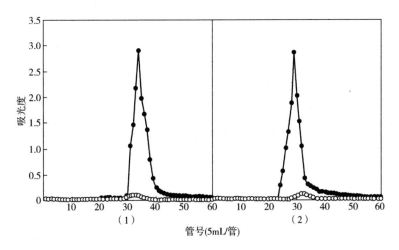

图 1.14　二年残孔菌胞外多糖经 Sepharose CL-6B 柱后多糖和蛋白的测定结果

（●490nm 测定多糖，○280nm 测定蛋白）

（2）凝胶层析测定二年残孔菌胞外多糖分子质量　二年残孔菌胞外多糖的分子质量测定见图 1.15。由图 1.15 可知，二年残孔菌搅拌罐和气升罐胞外多糖分子质量分别为 22.07ku 和 17.30ku，且搅拌罐的 EPS 分子质量为气升罐 EPS 分子质量 = 1.28∶1。

（3）二年残孔菌胞外多糖的单糖组分分析　对二年残孔菌搅拌罐胞外多糖和气升罐胞外多糖进行气相色谱分析，结果见表 1.3。可以看出，搅拌罐胞外多糖含有 7 种单糖，其中主要糖成分为葡萄糖 51.45%，甘露糖 30.30%，半乳糖 15.51%（葡萄糖∶甘露糖∶半乳糖 = 3.32∶1.95∶1）。气升罐胞外多糖含有 6 种单糖，其中主要糖成分为甘露糖 53.24%，葡萄糖 38.48%，半乳糖 5.85%（甘露糖∶葡萄糖∶半乳糖 = 9.10∶6.58∶1）。

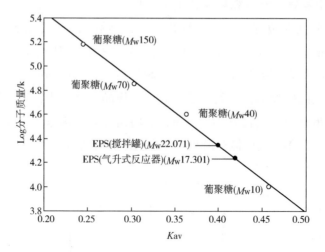

图 1.15 Sepharose CL-6B 层析柱测定二年残孔菌 EPS 分子质量

表 1.3　　　　二年残孔菌胞外多糖气相色谱图分析对比表

单糖	含量/%	
	搅拌罐	气升罐
葡萄糖	51.45	38.48
甘露糖	30.30	53.24
木糖	0.39	1.10
核糖	0.66	0.66
来苏糖	0.62	0.67
半乳糖	15.51	5.85
阿卓糖	1.06	—

(4) 二年残孔菌胞外多糖红外光谱分析　二年残孔菌胞外多糖的红外光谱对比见图 1.16。红外光谱分析结果对比见表 1.4。

如图 1.16 和表 1.4 所示可知,在 $2.96 \times 10^3 \sim 2.85 \times 10^3 \mathrm{cm}^{-1}$ 处的吸收峰是亚甲基或其他烷基的 C—H 伸缩振动,是糖类的特征吸收峰;在 $1100 \mathrm{cm}^{-1} \sim 1010 \mathrm{cm}^{-1}$ 之间出现 3 个吸收峰是常见的吡喃糖环内酯和羟基的共振吸收峰,其中 $1.03 \times 10^3 \mathrm{cm}^{-1}$ 处很强的吸收峰和 $1.06 \times 10^3 \mathrm{cm}^{-1}$ 处强吸收峰是糖环内酯 C—O—C 特征吸收峰,为 C—O—C 的不对称伸缩振动,构成了糖类的特征吸收峰,也是葡聚糖典型的红外光谱信号;在指纹图谱区域 $8.9 \times 10^2 \mathrm{cm}^{-1}$ 左右有

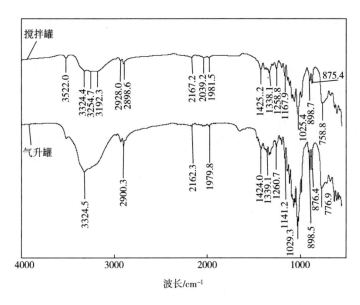

图 1.16　二年残孔菌胞外多糖红外光谱对比图

吸收峰为 β-吡喃糖苷键的特征吸收峰，是由于 β-吡喃糖苷键 C—H 变形振动造成的；在 $8.0\times10^2\mathrm{cm}^{-1}$ 处有吸收峰说明有甘露糖结构。综上所述，搅拌罐和气升罐胞外多糖均为含有甘露糖和葡萄糖的 β-吡喃糖。

表 1.4　二年残孔菌胞外多糖红外光谱分析结果对比图

红外吸收/cm^{-1}	可能官能团	振动方式
$3.51\times10^3 \sim 3.15\times10^3$	O—H	O—H 伸缩振动
2.92×10^3	—CH$_3$ 或 —CH$_2$	C—H 伸缩振动
2.17×10^3	—CH$_3$	C—H 伸缩振动
2.04×10^3	—CH$_2$	C—H 伸缩振动
1.42×10^3	C—O	C—O 伸缩振动
1.38×10^3	—CH$_2$—	C—H 变形振动
$1.34\times10^3 \sim 1.17\times10^3$	C—H	C—H 变形振动
1.26×10^3	C=O	C=O 伸缩振动
$1.1\times10^3 \sim 1.01\times10^3$	C—O—C	C—O—C 伸缩振动
1.01×10^3	—OH	O—H 变形振动
8.90×10^2 左右	β-吡喃糖特征峰	吡喃环 C—H 变形振动
8.0×10^2 左右	甘露糖	
6.1×10^2	溶剂残留峰	

(5) 不同温度下二年残孔菌胞外多糖的稳定性变化　不同搅拌方式下二年残孔菌胞外多糖在不同温度下质量变化如图 1.17 所示，二年残孔菌搅拌罐胞外多糖和气升罐胞外多糖的降解温度（T_d）分别为 115℃和 100℃，所以当温度高于降解温度时，多糖会发生分解现象。另外，搅拌罐和气升罐胞外多糖急剧降解温度分别为 250℃和 300℃，且最终残留量分别为 21.61%和 23.70%。综上所述，二年残孔菌搅拌罐和气升罐胞外多糖均表现出一定的热稳定性，而且搅拌罐和气升罐胞外多糖表现出相似的热稳定性和降解行为，这可能是由于搅拌罐和气升罐 EPS 单糖成分相差不大。

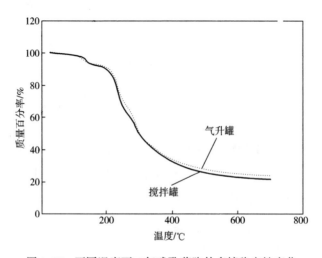

图 1.17　不同温度下二年残孔菌胞外多糖稳定性变化

1.2.3　胞外多糖抗氧化活性

二年残孔菌胞外多糖抗氧化能力见图 1.18。二年残孔菌搅拌罐和气升罐胞外多糖羟基清除率结果对比见图 1.18（1）。结果表明，随着胞外多糖浓度的增加，其对·OH 清除能力呈增大趋势，且搅拌罐胞外多糖的羟基清除率稍高于气升罐胞外多糖羟基清除率。在胞外多糖为 20mg/mL 时，搅拌罐和气升罐的羟基自由基清除率分别为 16.73%和 14.62%。如图 1.18（2）所示为二年残孔菌搅拌罐和气升罐胞外多糖·DPPH 清除率结果对比。结果显示，·DPPH 清除率随着胞外多糖浓度的增加而增加，且气升罐胞外多糖的清除率稍高于搅拌罐。在 EPS 浓度为 10mg/mL 时搅拌罐和气升罐的·DPPH 清除率分别为 10.88%和 13.15%。这些结果显示，二年残孔菌搅拌罐和气升罐胞外多糖均具有一定的自由基清除能力。

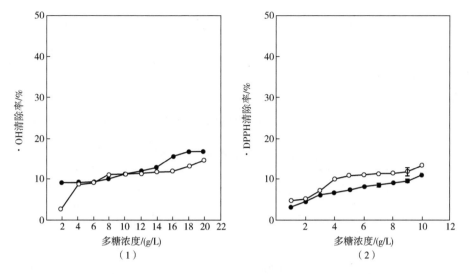

图 1.18 二年残孔菌胞外多糖抗氧化能力浓度效应图
(● 搅拌罐，○ 气升罐)

1.2.4 搅拌式发酵罐生产二年残孔菌胞外多糖在烟草上的应用

1.2.4.1 二年残孔菌薄片涂布、同时蒸馏萃取和气质联用（GC/MS）分析方法

取片基 6g，胞外多糖 0.6336g，涂布液 3.168g，蒸馏水 9.723g 混匀后对片基进行涂布，空白组以蒸馏水代替多糖。涂布完成的再造烟叶先放入烘箱 60℃ 下保持 5min，再放置于恒温恒湿箱［相对湿度（60±5）%，温度（22±2）℃］，24h 后切丝，切后的薄片丝装入密封袋后放入恒温恒湿箱中备用。称取 3g 薄片丝以 1∶10 的比例和配方烟丝混合均匀，按照每支烟总质量 0.80g±0.01g 的标准卷制样品，按照国标要求，在温度（22±2）℃、相对湿度（60±5）%的恒温恒湿箱中平衡 24h，平衡好的样品上吸烟机抽吸，实验组和空白组各抽吸 20 支，每 5 支换一个剑桥滤片。

结束后将剑桥滤片和擦拭捕集器的棉花放入 1000mL 圆底烧瓶中，加入 36g 氯化钠、400mL 蒸馏水，同时蒸馏萃取 2.5h。然后将浓缩瓶置于 60℃ 恒温水浴锅中，当瓶中液体浓缩至约 1mL 左右将浓缩瓶取出，盖上塞子待液体冷却后转入色谱瓶，进行 GC/MS 分析。

1.2.4.2 GC/MS 条件

（1）色谱柱 HP-5MS（60m×0.25mm i.d.×0.25μm d.f.）；载气、流速：高纯氦气、1mL/min；进样口温度：260℃；升温程序：50℃（3min）～280℃（10min）；分流比 5∶1、进样量：1μL。

（2）温度及其他条件　传输线温度：270℃；离子源温度：230℃；四级杆温度：150℃；电离能70eV；质量数范围：35～550amu；载气：高纯氦气；MS谱库：nist 02库。

结果与讨论

二年残孔菌搅拌罐胞外多糖加入卷烟后对卷烟中香味物质的影响见表1.5。

表1.5　　　实验组和空白组香味物质检测结果汇总

PK	RT	香味物质	匹配度	含量/(μg/g)	
				空白组	实验组
1	8.20	吡啶	96	3.65	2.55
2	8.85	1-羟基-2-丁酮	81	1.32	1.30
3	9.48	环戊酮	83	0.98	0.95
4	9.92	丙酮酸乙酯	85	1.41	2.99
5	10.09	2-羟基丙腈	86	2.33	1.25
6	10.17	3-糠醛	87	1.79	1.22
7	10.23	2-甲基吡啶	95	1.72	1.58
8	10.83	糠醛	95	22.67	26.31
9	11.61	糠醇	98	3.70	4.76
10	11.66	3-甲基吡啶	96	4.89	5.92
11	11.86	乙酰氧基-2-丙酮	87	1.95	2.26
12	11.95	1,3-二甲苯	90	—	2.37
13	12.50	4-环戊烯-1,3-二酮	91	4.17	4.72
14	13.16	3-甲基-2-环戊烯-1-酮	87	6.37	—
15	13.21	2-甲基-2-环戊烯-1-酮	91	—	7.30
16	13.33	2-乙酰基呋喃	91	2.77	2.97
17	13.93	3,4-二甲基吡啶	95	0.72	—
18	14.05	2-环己烯-1-酮	81	0.88	0.94
19	14.20	3-甲基-3-环己烯-1-酮	86	1.03	—
20	14.43	4-甲基-2-戊炔	90	0.56	—
21	14.85	3-乙基吡啶	96	1.64	1.69
22	14.93	3,3-二甲基-2-丁酮	84	1.31	1.51
23	15.10	5-甲基呋喃醛	94	20.62	17.52
24	15.17	3-乙烯基吡啶	81	—	3.89
25	15.85	三环[3.1.0.0(2,4)]-3-烯-3-氰基	83	1.29	1.51

续表

PK	RT	香味物质	匹配度	含量/(μg/g)	
				空白组	实验组
26	16.06	苯酚	93	28.90	19.58
27	16.18	3-甲基哒嗪	85	—	5.03
28	16.98	1-甲基-2-亚甲基环己烷	87	1.78	—
29	17.01	2,5-二甲基-2,4-己二烯	86	—	1.75
30	17.06	间异丙基甲苯	82	1.68	1.73
31	17.20	右旋萜二烯	99	5.20	5.84
32	17.25	2-羟基-3-甲基-2-环戊烯-1-酮	94	2.79	2.59
33	17.47	1-乙酰基-2-甲基环戊烯	87	1.46	1.41
34	17.57	2,3-二甲基-2-环戊烯酮	93	6.69	6.60
35	17.76	苯乙醚	86	1.57	2.01
36	17.82	吲哚	95	1.44	1.25
37	18.15	2-羟基-3,4-二甲基环戊烯酮	84	2.05	—
38	18.33	2-甲酚	96	9.49	8.92
39	18.50	苯乙酮	85	2.21	1.63
40	18.76	3-甲基-1-丁炔	86	—	2.16
41	18.77	2,4-辛二烯	87	2.82	—
42	19.12	对甲苯酚	97	20.79	19.57
43	19.18	3-甲酚	86	—	1.43
44	19.25	2-甲氧基苯酚	95	6.64	5.28
45	19.61	1,1′-二环戊烷	83	—	3.03
46	19.62	辛酮	86	3.84	—
47	19.88	2,6-二甲基苯酚	93	2.93	1.77
48	20.07	3-乙酰氧基吡啶	89	2.77	1.54
49	20.17	3-乙基-2-羟基-2-环戊烯-1-酮	92	2.04	3.27
50	20.54	亚丙基环己烷	82	1.92	—
51	20.63	2,2-二甲基-3-庚炔	84	—	1.43
52	20.81	苯乙腈	96	2.11	1.60
53	20.90	2-乙基苯酚	86	—	3.06
54	21.00	3-羟基-2-硝基吡啶	84	—	1.37
55	21.01	3-乙基苯酚	90	3.70	—

续表

PK	RT	香味物质	匹配度	含量/(μg/g)	
				空白组	实验组
56	21.13	1-甲基茚	96	2.10	1.59
57	21.31	2,3-二甲基苯酚	96	9.04	1.43
58	21.42	1-(1-亚甲基-2-丙烯基)-环戊醇	82	1.33	—
59	21.52	左旋樟脑	84	—	2.68
60	21.82	2′-邻甲基苯乙酮	91	1.36	—
61	21.91	4-乙基苯酚	94	10.24	9.82
62	21.99	6-亚异丙基—二环[3.1.0]己烷	85	—	2.16
63	22.23	2,5-二甲基苯酚	92	2.95	—
64	22.28	萘	94	5.14	5.58
65	22.41	2-甲氧基-4-甲基苯酚	96	2.68	2.52
66	22.64	2,3-二甲基苯酚	93	—	1.29
67	22.73	2,4-二甲基苯酚	95	2.05	8.24
68	22.86	3-乙基苯酚甲醚	83	1.40	—
69	23.50	4-丙基苯酚	85	1.01	—
70	23.56	N-甲基-o-邻甲苯胺	85	—	3.13
71	23.59	2,3-二氢苯并呋喃	83	8.98	5.94
72	23.67	2,4,6-三甲基苯酚	86	—	1.68
73	23.75	2-乙基-5-甲酚	87	5.60	3.87
74	23.98	癸烷	84	—	2.26
75	24.22	乙酸苯乙酯	90	41.75	41.75
76	24.42	1,1-二甲基茚	87	2.00	—
77	24.48	1-环丙烷-1a,2,7,7a-四氢化萘	88	1.28	—
78	24.54	2-甲基-反式-3a,4,7,7a-四氢化二氢化茚	85	—	4.12
79	24.63	2,4-二甲基苯甲醚	83	3.90	—
80	24.78	3,4-二甲基茴香醚	90	1.89	—
81	24.92	2-甲氧基-4-乙基苯酚	87	3.93	2.04
82	24.97	4-异丙基苯硫酚	87	—	2.07
83	25.01	邻异丙基苯硫酚	87	0.88	—
84	25.07	1-茚酮	96	3.68	3.57
85	25.17	正十三烷	93	1.61	—

续表

PK	RT	香味物质	匹配度	含量/(μg/g)	
				空白组	实验组
86	25.50	2-甲基萘	96	1.41	1.42
87	25.63	吲哚	96	3.84	2.89
88	25.79	十二甲基环六硅氧烷	90	2.25	—
89	25.86	1-甲基-4-(1-甲基亚乙基)环己烷-1-醇	85	1.49	—
90	26.00	4-乙烯基-2-甲氧基苯酚	87	8.31	7.87
91	26.67	3,7-二甲基-1-辛烯	92	—	0.73
92	26.96	烟碱	95	205.80	103.67
93	27.15	茄酮	87	6.77	5.82
94	27.27	L(-)-八角枫碱	84	3.47	—
95	27.67	1-十四烯	95	—	9.23
96	28.76	十四烷环	91	7.32	—
97	28.07	3-甲基吲哚	93	2.53	2.55
98	28.11	6,7,8,9-四氢-5H-苯并环庚烯	86	—	2.93
99	28.13	1-茚酮-7-羧酸	86	1.31	—
100	28.50	3-苯基丙烯	86	1.46	1.34
101	28.65	三氯乙酸-2-十三烷酯	85	—	5.66
102	28.88	1,4-二甲基萘	90	1.47	—
103	28.97	1,3-二甲基萘	89	2.10	0.82
104	29.14	1,4-二甲基-1,2,3,4-四氢化萘	85	1.56	1.15
105	29.34	2,3,5,8-四甲基-1,5,9-十三烯	82	3.64	
106	29.46	2,6,10,14-四甲基十六烷	83	2.04	
107	29.51	反式-异丁子香酚	96	3.11	4.78
108	29.61	3,3,5-三甲基-1,5-庚二烯	86	—	2.55
109	29.61	顺式-2,6-二甲基-2,6-辛二烯	88	3.10	—
110	29.75	亚联苯	84	1.29	
111	29.85	1,3,5-三羟甲基氨基甲烷(亚甲基)-环庚烷	87	—	1.66
112	29.86	1-(3-甲基丁基)-2,3,5-三甲苯	86	22.80	—
113	29.94	2-苯基吡啶	85	—	1.23
114	29.95	4-苯基吡啶	85	2.56	—
115	30.22	1-十五烯	94	1.44	1.42

续表

PK	RT	香味物质	匹配度	含量/(μg/g)	
				空白组	实验组
116	30.27	十四基环庚基氧烷	95	2.13	—
117	30.40	十五烷	91	6.10	4.17
118	30.50	2,4,6-三甲苯甲腈	95	1.58	1.27
119	30.72	2,5-二甲基吲哚	86	—	1.61
120	30.73	2,5-二甲基吲哚嗪	83	2.11	—
121	30.99	4,6,8-三甲基甘菊蓝	85	1.02	—
122	31.07	金合欢醇(E,E)	84	—	1.27
123	31.08	1,4-甲醇-1,2,3,4-四氢化萘酚	83	1.55	—
124	31.13	DL-2-氯-2-苯基乙酰氯	82	—	1.74
125	31.14	3,4-二氯甲苯	83	2.17	—
126	31.36	4-氯苯乙酸	83	—	2.02
127	31.37	3-(1-甲基-1-烯)5-甲基-2,5-二氢呋喃-2-酮	83	2.39	—
128	31.66	1,4,6-三甲基萘	96	1.47	—
129	31.74	2,4-环己二烯苯	85	3.57	—
130	31.84	(S)-(-)-1-(1-萘基)乙胺	82	—	2.63
131	32.32	1,4-二甲基-2,5-二(1-甲基乙基)-苯	94	—	2.84
132	32.62	1-十六烯	90	1.58	1.31
133	32.74	(E)-4-(1,3-丁间二烯基)-3,5,5-三甲基-2-环己烯酮	95	16.61	11.10
134	32.79	十六烷	92	0.97	—
135	32.94	1-(1,1-二甲基乙基)-2	89	3.34	3.68
136	33.03	2-羟基-4-甲氧基-6-甲基苯甲醛	86	1.13	—
137	33.92	1,4-二氢-9-异亚丙基-1,4-甲撑萘	86	1.75	—
138	34.11	4,4′-二甲联苯	85	—	1.10
139	34.26	十六烷甲基环辛硅氧烷	83	6.70	—
140	35.05	2-溴代十二烷	95	0.90	—
141	35.13	1-(2,4,5-三乙基苯)乙酮	87	—	3.13
142	35.14	4-叔丁基-2,6-二甲基乙酰苯	83	2.52	—
143	35.47	十四醛	95	—	1.71
144	35.76	3,7,11-三甲基-1-十二烷醇	89	8.19	—

续表

PK	RT	香味物质	匹配度	含量/(μg/g)空白组	含量/(μg/g)实验组
145	36.54	4-羟基-1-萘甲醛	84	1.21	—
146	37.05	2,3,6-三甲基-1,4-二酮	81	2.47	2.37
147	37.20	十四烷	95	2.38	0.79
148	37.25	1,3-二甲基[1,24]三嗪并[3,2-f]嘌呤-2,4(1H,3H)-二酮	85	—	1.25
149	37.55	绿油脑	92	1.44	—
150	37.64	9-亚甲基-9H-芴	93	—	1.28
151	37.72	十八烷甲基环辛硅氧烷	93	8.32	—
152	37.91	螺岩兰草酮	96	1.95	1.70
153	38.13	叶绿醇醋酸酯	80	70.90	66.69
154	38.23	2,6,10,14-四甲基-2-十六碳烯	83	3.10	—
155	38.25	6,10,14-三甲基-2-十五烷酮	91	—	4.88
156	38.31	2,4-二氯氯苄	84	2.00	—
157	38.53	2-[1-羟基-1-环己基]-硫茚	85	—	2.75
158	38.88	邻苯二甲酸二仲丁酯	81	—	3.45
159	38.95	(1R)-(+)-CIS 蒎烷	82	—	1.42
160	38.96	2,2,4-三甲基-3-环己烯-1-甲醛	86	1.81	—
161	39.61	3-环己基苯酚	84	—	1.55
162	39.69	反式角鲨烯	87	9.05	4.65
163	39.82	棕榈酸甲酯	96	5.47	4.77
164	40.56	2,5,5-三甲基-1,6-庚二烯	84	1.62	—
165	40.66	E-2-甲基-3-十四碳烯-1-醇乙酸酯	84	—	1.34
166	40.75	1-二甲基溴硅烷环[4.3.3.3(3,8)]十一烷	83	3.44	3.50
167	40.87	(2E,6E)-3,7,11-三甲基-2,6,10-十二碳三烯-1-醇	85	—	1.32
168	40.98	(Z)-3-十四碳烯-5-炔	87	6.49	—
169	41.10	1-十九烯	90	3.22	4.75
170	41.54	β-榄香烯(-)	84	6.33	2.41
171	41.55	维生素 A 醋酸酯	88	3.08	—
172	42.55	[2R-(2α,4α,8β)]-8-二甲基-2-(1-甲基乙烯)-1,2,3,4,4a,5,6,8a-八氢化萘	91	2.24	1.99
173	42.79	2,6-二氯苯磺酸	85	3.04	4.81

续表

PK	RT	香味物质	匹配度	含量/(μg/g)	
				空白组	实验组
174	42.98	双环[2.2.1]庚烷-2-乙酸的酸,5-甲氧基羰基,甲基酯	86	—	10.02
175	43.11	4-亚甲基-1-甲基-2-(2-甲基-1-丙烯)-1-乙烯基-环庚烷	85	5.84	15.19
176	43.24	(Z,Z,Z)-9,12,15-十八烷三烯酸甲酯	95	2.96	2.41
177	43.35	(1S,7R,8AS)-1,2,3,5,6,7,8,8a-八氢-4,4-二甲基-7-(1-甲基乙烯基)-甘菊蓝	87	—	5.08
178	43.38	4-亚甲基-1-甲基-2-(2-甲基-1-丙烯)-1-乙烯基-环庚烷	86	5.84	—
179	43.48	18-Norisopimara-4(19),7,15-三烯	85	6.52	12.15
180	43.64	2-甲基-1-壬烯-3-炔	90	5.22	—
181	43.79	反式-5-甲基-3-(甲基乙烯基)-环己烯	87	—	6.87
182	43.89	(1R,2S,8R,8AR)-8-羟基-1-(2-羟乙基)-1,2,5,5-四甲基-反式-十氢萘	85	—	5.39
183	44.01	[1R-(1R*,4Z,9S*)]-4,11,11-三甲基-8-亚甲基-二环[7.2.0]4-十一烯	90	2.94	2.12
184	44.77	1-二十二烯	99	—	1.08
185	44.78	二十四碳环	99	1.80	—
186	44.86	二十二烷	98	2.06	—
187	46.48	环十五烷	96	—	0.77
188	46.49	顺式-9-二十三烯	92	0.77	—
189	46.57	十七烷	98	—	2.00
190	47.97	2,6,10,14,18-五甲基-2,6,10,14,18-十二碳五烯	99	7.73	—
191	48.04	α-法尼烯	86	1.00	—
192	48.16	香叶基香叶醇	99	1.94	3.40
193	50.70	2,5-二(三甲基甲硅烷氧基)苯甲酸三甲基硅烷基酯	85	3.24	—
194	53.15	2,4-二甲基二十二烷	88	7.94	—
195	53.89	二十七烷	99	—	4.20
196	56.07	N-(亚甲基五氟苯酚)-β-3,4-三(三甲基醇)苯乙胺	88	10.77	—
197	57.61	二十烷	98	2.91	3.24

1 搅拌方式对草菌胞外多糖的结构和生物活性的影响

由表 1.5 分析可知，烟草中添加二年残孔菌胞外多糖后，烟叶中致香成分的组成、含量、比例均发生了明显的变化。例如，糖醇与空白组相比含量升高了 1.06%，可增加烟气谷香和油香，增加浓度；实验组中金合欢醇含量达到 1.27μg/g，而对照组中没有检出该物质，金合欢醇具有特有的青香韵的铃兰花香气，并有青香和木香香韵，这种特征香气赋予卷烟成熟的烟草气；实验组 2-乙酰基呋喃增加到 2.97% 能增加卷烟的脂香和甜香味。这些物质具有改善和修饰卷烟香气，增加清香香韵，减轻刺激性的作用。此外，香叶基香叶醇也由空白组的 1.94μg/g 增加到 3.40μg/g，而已知香叶基香叶醇具有广泛的生理活性，如杀毒、抗病毒、抗肿瘤等，对于多种疾病如溃疡、神经衰弱、皮肤老化、血栓、动脉粥样硬化和免疫缺失等也有一定的治疗作用。

为了进一步分析不同类型的香味物质，根据官能团不同，将检测出的致香化合物分为七类，分别是酮类、醇类、醛类、酯和内酯类、酚类、呋喃类、氮杂环类。其中，酮类包括支链烯酮类、辛酮、茚酮螺岩兰草酮和烷酮类等共 11 种化合物；醇类包括糠醇、金合欢醇、香叶基香叶醇等 4 种化合物；醛类包括糠醛、5-甲基呋喃醛、十四醛 3 种化合物；酯和内酯类包括乙酸苯乙酯、棕榈酸甲酯、维生素 A 醋酸酯等 4 种化合物；酚类包括苯酚、对甲苯酚、2-甲氧基苯酚等 15 种化合物；呋喃类包括 2-乙酰基呋喃这 1 种化合物；氮杂环类包括吡啶、烟碱、吲哚等 8 种化合物。分类计算实验组与对照组 7 类致香成分的含量，结果见表 1.6。

表 1.6　　实验组和空白组烟叶样品各类致香物质检测结果表　　单位：μg/g

	酮类	醇类	醛类	酯和内酯类	酚类	呋喃类	氮杂环类
空白组	72.21	16.71	49.22	128.90	123.64	11.82	235.71
实验组	66.93	9.50	46.74	134.42	143.31	8.93	136.80

如表 1.6 所示，卷烟中添加了二年残孔菌胞外多糖后，香味物质的种类和含量都表现出不同的结果，这说明多糖成分对烟叶内部的香味物质有一定的影响，酚类香味成分增加明显，增加了 19.67%，达到了 143.31μg/g，而已知酚类物质对烟叶颜色有显著的影响，同时，多酚类在烟草燃吸时会产生酸性反应，能中和部分碱性物质，使吃味醇和；酯和内酯类单位含量增加了 5.52%，达到了 134.42μg/g，一些高级脂肪酸的甲酯和乙酯可以使烟叶香味变得醇和，这与烤烟香气协调，对烟草的吸食品质有重要影响。

醇类、醛类、呋喃类、氮杂环类含量则表现出下降趋势，实验组中酮类物质下降了 5.28%，推测可能是多糖与烟草固有成分发生复杂化学反应的结果；实验组中醇类物质下降了 7.21%；实验组醛类香味物质含量为 49.22μg/g，下降了 2.51%，醛类有愉快的、多半是强烈的香气，但是稳定性差，易发生氧化聚合，使香气减弱变坏，而实验组中醛类香味物质含量的下降说明胞外多糖的添加对该物质在烟草中积累有所影响；实验组氮杂环类物质含量为 136.80μg/g，与空白组比较，含量下降了 98.91%，氮杂环类物质种类较多，对烟草吸食品质影响也较大；呋喃类香味物质含量下降了 2.89%，小范围评吸实验也表明多糖的加入对吸食品质有较大影响，口感发涩，但香味相对浓厚。

二年残孔菌胞外多糖的加入对烟叶内部香味物质的种类和含量有很大的影响，加入 EPS 后酯和内酯类、酚类的含量则表现出上升趋势，其中酚类物质增加明显，酮类、醇类、醛类、呋喃类、氮杂环类的含量表现出下降趋势，其中醇类、氮杂环类含量下降明显。可以减轻烟气刺激性、改善和修饰卷烟香气，进而提高烟气整体品质。真菌胞外多糖的加入显然对香味物质的变化有着深刻的影响，而其中具体的变化机理有待进一步探究。

1.3　鸡油菌状灵芝胞外多糖

本工作以在不同搅拌方式下的鸡油菌状灵芝（伞灵芝）液体深层发酵所产的胞外多糖为研究对象。首先，通过单因素实验和统计学方法优化了生产胞外多糖（exopolysacchride，EPS）的最佳发酵条件，并研究了发酵过程中菌丝体的形态学变化；其次，通过使用凝胶层析、气相色谱仪、红外光谱仪、热重分析仪和刚果红实验对不同搅拌方式下所得胞外多糖进行初步分子表征；最后，采用水杨酸法和 DPPH 法测定胞外多糖的抗氧化活性。结果如下：鸡油菌状灵芝最佳培养时间为 8d，最佳碳氮源分别为葡萄糖和蛋白胨。鸡油菌状灵芝搅拌罐胞外多糖含有两个组分（Fr-Ⅰ和Fr-Ⅱ）而气升罐胞外多糖为单组分，Fr-Ⅰ、Fr-Ⅱ和气升罐胞外多糖均为酸性 β-吡喃糖，Fr-Ⅰ分子质量为 627.672ku，主要单糖成分为甘露糖：葡萄糖＝8.54：1。Fr-Ⅱ分子质量为 74.563ku，主要单糖组成为葡萄糖：甘露糖＝1.30：1。气升罐胞外多糖分子质量为 40.567ku，主要单糖组成为葡萄糖：甘露糖＝51.23：1。Fr-Ⅰ、Fr-Ⅱ和气升罐胞外多糖的降解温度分别为 215℃、180℃ 和 101℃,且均含有糖醛酸。Fr-Ⅱ 的·OH 清除率最高达到 30.08%,气升罐胞外多糖的·DPPH 清除率最高达到 22.54%。

1.3.1 鸡油菌状灵芝培养条件的优化

优化培养条件方案同 1.1.1。

鸡油菌状灵芝菌丝干重和 EPS 产量的变化见图 1.19。确定最佳培养时间为 8d,此时目标产物 EPS 的产量达到最大。

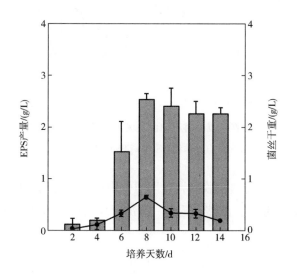

图 1.19 鸡油菌状灵芝菌丝干重和 EPS 产量随培养时间的变化

(■ 菌丝干重,● EPS 产量)

鸡油菌状灵芝碳氮源优化见图 1.20。结果表明,葡萄糖作为碳源时鸡油菌状灵芝菌丝干重和 EPS 产量达到最大[图 1.20(1)],所以选择葡萄糖为最佳碳源;鸡油菌状灵芝菌丝干重和 EPS 产量分别在使用酵母粉和蛋白胨时达到最大[图 1.20(2)],最终选择蛋白胨作为最佳氮源进行后续试验。

1.3.2 胞外多糖的分离纯化及其结构分析

(1) 鸡油菌状灵芝胞外多糖的纯化 鸡油菌状灵芝胞外多糖的纯化结果见图 1.21。Sepharose CL-6B 层析柱分别分离伞灵芝搅拌式发酵罐[图 1.21(1)]和气升式发酵罐[图 1.21(2)]胞外多糖,搅拌罐得到两个组分,而气升罐 EPS 只有一个组分。重复上柱 3 次,得到的检验结果一致。组分对应

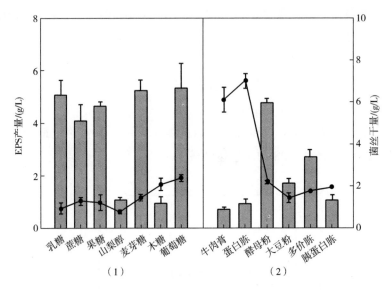

图 1.20　不同培养基成分对鸡油菌状灵芝菌丝干重和 EPS 产量的影响

（■菌丝干重，● EPS 产量）

的样品收集管中，有蛋白吸收峰，说明组分中可能含有部分糖蛋白。将 Fr-Ⅰ 和 Fr-Ⅱ 组分收集起来，浓缩、透析、冷冻干燥，得到胞外多糖纯品。

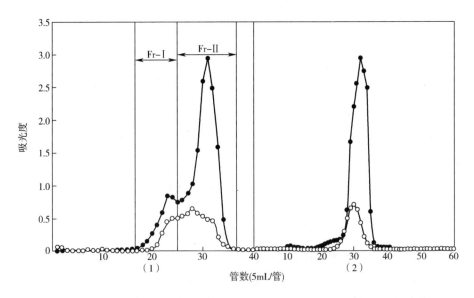

图 1.21　鸡油菌状灵芝胞外多糖经 Sepharose CL-6B 柱后多糖和蛋白的测定结果

（● 490nm 测定多糖，○ 280nm 测定蛋白）

(2) Sepharose CL-6B 凝胶层析测定鸡油菌状灵芝胞外多糖分子质量 鸡油菌状灵芝胞外多糖分子质量的测定结果见图 1.22。如图 1.22 所示可知 Fr-Ⅰ、Fr-Ⅱ和气升罐 EPS 分子质量分别为 627.672ku、74.563ku 和 40.567ku，且 Fr-Ⅰ分子质量：Fr-Ⅱ分子质量：气升罐 EPS 分子质量 = 15.47：1.84：1。

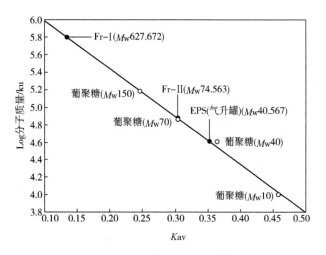

图 1.22　Sepharose CL-6B 层析柱测定鸡油菌状灵芝 EPS 分子质量

(3) 鸡油菌状灵芝胞外多糖的单糖组分气相测定 对鸡油菌状灵芝搅拌罐胞外多糖和气升罐胞外多糖进行气相色谱分析，结果见表 1.7。可以看出，搅拌罐胞外多糖 Fr-Ⅰ含有 6 种单糖，其中主要糖成分为甘露糖 81.56%，葡萄糖 9.55%；Fr-Ⅱ含有 7 种单糖，其中主要糖成分为葡萄糖 41.83%，甘露糖 32.05%；气升罐 EPS 含有 5 种单糖，其中主要糖成分为葡萄糖 97.34%，甘露糖 1.90%。

表 1.7　鸡油菌状灵芝搅拌罐和气升罐气相色谱图分析对比表

单糖	含量/%		
	Fr-Ⅰ	Fr-Ⅱ	气升罐
鼠李糖	0.12	0.87	—
核糖	1.24	0.87	—
木糖	1.65	0.35	0.33
半乳糖	4.13	5.33	0.33
葡萄糖	9.55	41.83	97.34

续表

单糖	含量/%		
	Fr-Ⅰ	Fr-Ⅱ	气升罐
甘露糖	81.56	32.05	1.90
塔罗糖	—	11.27	—
阿卓糖	—	—	1.36

(4) 鸡油菌状灵芝胞外多糖红外光谱分析　鸡油菌状灵芝胞外多糖红外光谱对比图见图 1.23, 红外光谱分析结果见表 1.8。有图谱分析结果如下: 在 $3.4×10^3 cm^{-1}$ 左右有强宽峰,是分子内的—OH 键的伸缩振动所致; $2.92×10^3 cm^{-1}$ 左右有吸收峰,这是糖类 C—H 键的伸缩振动,是糖类的特征吸收; 在 $1.64×10^3 cm^{-1}$、$1.066×10^3 cm^{-1}$ 左右有吸收峰,说明有羧酸存在,因而此多糖为酸性多糖; 在 $1.45×10^3 cm^{-1}$ 左右有吸收峰为糖醛酸的伸缩振动峰; 在 $1.1×10^3 cm^{-1}$ ~ $1.01×10^3 cm^{-1}$ 出现的吸收峰是常见的吡喃环内酯和羟基的共振吸收峰,是由于糖环上 C—O—C 醚键的不对称伸缩振动,构成了糖类的特征吸收峰, 也是葡聚糖典型的红外光谱信号; 伞灵芝组分 1 在 $8.09×10^2 cm^{-1}$ 处有吸收峰说明有甘露糖的存在, 综上所述,Fr-1 是一种 β-吡喃型酸性甘露聚

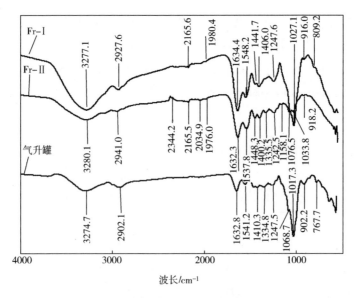

图 1.23　鸡油菌状灵芝胞外多糖红外光谱对比图

糖，Fr-2 为含有甘露糖的 β-吡喃型酸性葡聚糖，气升罐胞外多糖是一种 β-吡喃型酸性葡聚糖，且都含有糖醛酸。

表1.8　鸡油菌状灵芝胞外多糖红外光谱分析结果对比

红外吸收/cm^{-1}	可能官能团	振动方式
3.28×10^3	—OH	O—H 伸缩振动
2.92×10^3	—CH_3 或—CH_2—	C—H 伸缩振动
2.34×10^3	—C≡N 或—C≡C—	伸缩振动
2.17×10^3	—CH_3	C—H 伸缩振动
2.03×10^3	—CH_2	C—H 伸缩振动
1.63×10^3	—COO	C=O 非对称伸缩振动
1.4×10^3	C—O	C—O 伸缩振动
1.34×10^3	—CH_2—	C—H 变角振动
1.24×10^3	C=O	C=O 伸缩振动
$1.1\times10^3\sim1.01\times10^3$	C—O—C	C—O—C 伸缩振动
8.9×10^2 左右	β-吡喃糖特征峰	C—H 变形振动
8.0×10^2 左右	甘露糖结构	

（5）不同温度下鸡油菌状灵芝胞外多糖的稳定性变化　由图1.24可知，由于 Fr-Ⅰ 和 Fr-Ⅱ 含有吸附水，所以当温度从室温升高到106℃时，质量急剧下降，失重率分别达到16.42%和10.78%。Fr-Ⅰ，Fr-Ⅱ 和气升罐胞外多糖的降解温度（T_d）分别为215℃、180℃和101℃，所以当温度高于降解温度时，多糖会发生降解。另外，Fr-Ⅰ，Fr-Ⅱ 和气升罐胞外多糖急剧降解温度分别为318℃、335℃和200℃，且最终残留量分别为22.70%、23.30%和26.30%。综上所述，鸡油菌状灵芝搅拌罐和气升罐胞外多糖均表现出较高的热稳定性，而且搅拌罐和气升罐胞外多糖分别表现出不同的热稳定性和降解行为，这可能是由于搅拌罐和气升罐 EPS 含有不同的单糖成分。

1.3.3　胞外多糖抗氧化活性的测定

如图1.25（1）所示为伞灵芝搅拌罐和气升罐胞外多糖羟基清除率结果对比。结果表明，随着胞外多糖浓度的增加，其对羟基自由基的清除能力呈增大趋势，且搅拌罐胞外多糖的羟基清除率高于气升罐胞外多糖羟基清除率，Fr-Ⅰ 和 Fr-Ⅱ 的羟基清除率能力几近相同。在胞外多糖为10mg/mL 时，Fr-Ⅰ、Fr-Ⅱ 和气升罐的羟基自由基清除率分别为27.08%、30.08%和

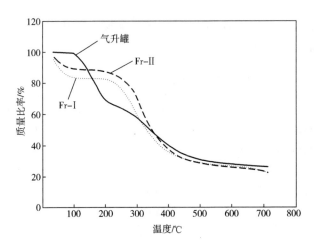

图1.24 不同温度下鸡油菌状灵芝胞外多糖稳定性变化

5.89%。图1.25（2）为二年残孔菌搅拌罐和气升罐胞外多糖·DPPH清除率结果对比。结果显示，·DPPH清除率随着气升罐胞外多糖浓度的增加而增加，随着Fr-Ⅰ和Fr-Ⅱ浓度的增加而降低。在EPS浓度为10mg/mL时Fr-Ⅰ、Fr-Ⅱ和气升罐的·DPPH清除率分别为7.52%、7.48%和22.54%。这些结果表明，Fr-Ⅰ和Fr-Ⅱ的羟基清除率高于气升罐胞外多糖，却具有较低的·DPPH清除率。

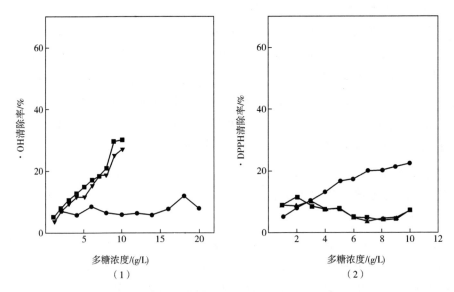

图1.25 鸡油菌状灵芝胞外多糖抗氧化能力浓度效应图

(● 气升罐，▼Fr-Ⅰ，■Fr-Ⅱ)

2
表面活性剂和有机溶剂处理对真菌胞外多糖结构和生物活性的影响分析

寻找液体发酵的最适条件、进一步降低液体发酵的成本并提高目标产物的得率，是从事液体发酵的研究人员研究液体发酵的一个重要方向，并试图采用不同的方法来实现这一目标。目前，已有在液体发酵过程中添加表面活性剂和有机溶剂提高真菌胞外多糖产量的报道。

有机溶剂是一类分子质量较小的有机化合物，在常温下通常以液体状态存在，被广泛应用于生活和生产中。有机溶剂由于价格相对便宜且通过蒸发即可消失，故添加到真菌发酵液中，可提高次级代谢产物的积累，Lim等人发现在发酵对数期后期添加0.3%（体积分数）的甲苯可延长发酵时间，从而提高金钱菌（*Collybia maculata*）胞外多糖的产量，但目前该方面的报道太少。

表面活性剂是分子中含有亲水基和亲油基的一类试剂，即双亲结构的有机化合物。表面活性剂在溶液表面呈定向排列，造成液体表面张力的显著下降。表面活性剂具有乳化和扩散功能，因此，在发酵过程中添加一定量的表面活性剂可以起到乳化油脂的作用，同时对气液表面状态和发酵液的流动性也有一定的改进作用，促进细胞内外气体和营养物质的交换，使氧及营养物质更容易进入细胞，提高细胞膜的通透性，从而加大目标产物的产量。目前，表面活性剂作为一种发酵促进剂成为研究的一大热点，主要应用于工业领域，如通过发酵法获得酶制剂、氨基酸、新型材料等。在发酵液中添加表面活性剂对细胞生长具有一定的影响，但由于表面活性剂本身具有一定的毒性，对细胞生长有毒副作用，故添加量不能太大。在一定的浓度范围内，表面活性剂能够促进细胞的生长；但浓度过高会使发酵液中菌体密度降低，获得的细胞干重有所降低，且随着浓度增加，细胞干重减少也加快。有报道称，添加吐温80对细胞生长有一定的抑制作用，浓度越高对细胞生长的抑制作用越大。当表面活性剂的浓度超过0.1%时对细胞具有明显的抑制作用，导致生物量水平过低；但添加 0.05%的吐温 80，生物量降低幅度不大，细胞在这样的环境下也能较好地生长。

本工作采用二年残孔菌和虎皮香菇为研究对象，具体研究内容如下：

（1）在单因素试验的基础上，采用统计学方法和非统计学方法进一步研究二年残孔菌和虎皮香菇在发酵罐深层培养中产胞外多糖的最优培养条件，包括碳源、氮源等培养基成分及表面活性剂和有机溶剂等，并考察不同发酵时期的流变学与形态学，分析二者与胞外多糖产量之间可能存在的关系。

（2）表面活性剂和有机溶剂对胞外多糖产量和结构的影响 优选提高真菌胞外多糖产量的表面活性剂和有机溶剂，精制（除蛋白）收集的胞外多糖，使用层析柱纯化，检测其单糖组成，空间结构，并测定多糖的相对分子质量，探究表面活性剂和有机溶剂对两种真菌发酵产胞外多糖结构的影响。

（3）表面活性剂和有机溶剂对胞外多糖的生物活性的影响 采用多种方法测定胞外多糖的抗氧化活性、抗肿瘤能力等生物活性，研究表面活性剂和有机溶剂对两种真菌发酵产胞外多糖的生物活性的影响。

实验流程如图 2.1 所示：

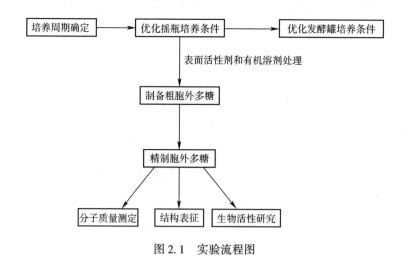

图 2.1 实验流程图

主要研究结果如下：

二年残孔菌产 EPS 最佳摇瓶培养条件：40g/L 麦芽糖，8g/L 蛋白胨，5mmol/L KH_2PO_4，培养时间 8d，pH 5；在此基础上，选用 C/N 比、通气率和搅拌速度三个因素，应用旋转单一法优化发酵罐培养条件。结果表明，当

C/N 比为 18.33，通气率为 0.67vvm，搅拌速度为 50r/min 时，EPS 产量达 13.09g/L，且黏度与 EPS 产量和菌丝生物量有显著相关性。在最优摇瓶培养条件下，第 6 天添加表面活性剂吐温 80 和有机溶剂丙酮，EPS 产量分别达 7.21g/L 和 9.54g/L；Sepharose CL-6B 凝胶柱层析表明两种 EPS 均为单一组分；红外光谱分析表明处理前后均为吡喃型糖；气相色谱分析表明处理前后单糖种类和含量均发生了变化，对照 EPS 含有 8 种单糖，丙酮处理的 EPS 含有 7 种单糖，吐温 80 处理后含有 8 种单糖；热重分析发现 EPS 经吐温 80 和丙酮处理后多糖发生热裂解反应；刚果红实验结果表明吐温 80 和丙酮处理后 EPS 可能具有三股螺旋结构，对照 EPS 无三股螺旋结构；凝胶层析法测定分子质量发现，未处理的 EPS 分子质量为 22.1ku，吐温 80 处理的 EPS 分子质量为 40.5ku，而丙酮处理的 EPS 分子质量为 55.0ku；不同条件下 EPS 的抗氧化和抗肿瘤活性测定表明，丙酮和吐温 80 处理后的 EPS 抗氧化活性和抗肿瘤活性均有了显著提高，多糖浓度为 10g/L 时，丙酮处理后的 EPS 羟基自由基清除率为 63.23%，DPPH 自由基清除率为 44.26%；多糖浓度为 400μg/mL 时，吐温 80 处理的 EPS 对 Hepg 2 细胞的抑制率极显著增加（$P<0.01$），最大抑制率达到 33.45%，比对照提高了 156%，丙酮处理的 EPS 对 MG63 细胞的抑制率显著增加（$P<0.05$），最大抑制率为 20.95%，比对照提高 72.85%。

虎皮香菇产 EPS 最佳摇瓶培养条件：60g/L 乳糖，4g/L 酵母粉，培养时间 12d，pH8。运用均匀设计法优化其发酵罐扩大培养的 C/N 比、通气率和搅拌速度三个因素。结果表明，当 C/N 比为 25，搅拌速度为 202r/min，通气率为 1.5vvm 时，EPS 产量为 56.58g/L，且发酵液黏度与菌丝形态和多糖产量有一定的相关性。发酵第 8 天往优化培养基中添加表面活性剂吐温 80 和有机溶剂丙酮，EPS 产量分别为 12.29g/L 和 20.83g/L。红外光谱和气相色谱分析可知，经吐温 80 和丙酮处理后，虎皮香菇 EPS 均为 β-D-型酸性杂多糖，且单糖组分发生明显变化；吐温 80 处理后其 EPS 含有 4 种单糖组分。刚果红实验表明，虎皮香菇经吐温 80 和丙酮处理后构象发生变化，其胞外多糖表现为明显的三股螺旋结构。热重分析发现，经丙酮和吐温 80 处理后虎皮香菇 EPS 的失重率有一定变化，吐温 80 处理后的 EPS 热稳定性比经丙酮处理得好。分子质量测定表明，未经处理的 EPS 分子质量为 12.0ku，吐温 80 处理的 EPS 分子质量为 22.1ku，丙酮处理的 EPS 分子质量为 137.0ku。EPS 生物活性测定表明，经丙酮和吐温 80 处理后，虎皮香菇的 EPS 抗氧化和抗癌活性有显著提高，当多糖浓度为10g/L时丙酮处理EPS羟基自由基清除率为29.26%；当多糖浓度为8g/L时，丙酮处理的EPS DPPH自由基的清除率达到63.08%，比对照提高近2倍。丙酮处理的EPS浓度为400μg/mL时，对Hepg 2细胞的抑制率显著增加（$P<0.01$），达到22.85%，比对照提高134%；丙酮处理的EPS对MG63细胞的抑制率为25.29%，比对照提高135%。

上述研究成果提出两种真菌在发酵罐深层培养中产生胞外多糖的最优培养条件，包括碳源、氮源等培养基成分及表面活性剂和有机溶剂等，对胞外多糖的生产以及提取纯化过程具有重要的指导意义。同时，研究表面活性剂和有机溶剂对胞外多糖结构和生物活性的影响，为生物医药领域提供重要科学依据，具有重要的学术价值和应用前景。

2.1 二年残孔菌胞外多糖

2.1.1 菌种及培养基

二年残孔菌为西南科技大学贺新生教授提供，为野生子实体的组织分离菌丝体培养物，现保存于郑州轻工业学院发酵工程研究室。

①PDA培养基：200g去皮土豆，20g葡萄糖，108g琼脂，蒸馏水补至1000mL，pH自然。

②基础培养基：30g葡萄糖，3g酵母粉，蒸馏水补至1000mL，pH自然。

2.1.2 培养条件的优化

（1）菌种活化　将保存的试管斜面菌种转接PDA平板，26℃恒温培养7d。

（2）种子液的制备　用打孔器打取活化好的两种真菌菌丝块（约$1cm^2$）两块接入含50mL种子培养液的250mL三角瓶中，摇瓶转速为160r/min，于26℃振荡摇床中培养4d。然后加入无菌玻璃珠，置于磁力搅拌器上将菌丝块打碎后备用。

（3）最佳培养时间的确定　将二年残孔菌和虎皮香菇分别培养12d和14d，每隔2d测定两种真菌的菌丝干重和胞外多糖产量。

（4）葡萄糖标准曲线的制作　精密称取105℃干燥至恒重的葡萄糖标准品1.02g，置于100mL容量瓶中，加水溶解至刻度，摇匀，即为葡萄糖标准母液。精确量取1mL母液移至100mL的容量瓶中，用蒸馏水定容，即为葡萄糖标准液。精确吸取标准品溶液0mL、0.2mL、0.4mL、0.6mL、0.8mL、1.0mL分别置于具塞试管中，分别补蒸馏水至1mL，再各加入5%的苯酚水溶液1mL和浓硫酸5mL振荡摇匀，先在沸水浴中15min，取出后立即置于冰水浴中15min。以加入0mL葡萄糖标准液的反应液作为空白对照调零，于490nm下测各反应液的吸光度值，回归分析数据。

（5）菌丝干重和胞外多糖含量的测定　菌丝干重的测定　将培养物进行抽滤得到菌丝体，将其置于70℃的烘箱中，烘干称重，为菌丝干重。胞外多糖的提取：在除去菌丝后的发酵液中加入4倍体积的无水乙醇，4℃沉降过夜，离心取沉淀，即不溶于乙醇的发酵胞外多糖。用蒸馏水溶解多糖沉淀，定容至50mL。胞外多糖的测定：取1mL加到试管中，分别加入1mL 5%的苯酚水溶液和5mL浓硫酸，余下操作同2.2.4。测定并记录反应液在490nm的吸光度值，从标准曲线上计算得到样品液相对应的胞外多糖量。每个处理3次重复，求其平均值。

（6）单因素试验确定最佳摇瓶培养条件

①碳源利用试验：分别用果糖、麦芽糖、蔗糖、乳糖、山梨醇代替基础培养基中的葡萄糖，接种后26℃恒温振荡培养，摇床转速为160r/min，探究不同碳源对两种真菌菌丝体生长和胞外多糖产量的影响。

②氮源利用试验：采用以上的基础培养基，分别以牛肉膏、蛋白胨、多价胨、胰蛋白胨、大豆粉、酵母粉、尿素、$(NH_4)_2SO_4$、$NaNO_3$为氮源，接种后26℃恒温振荡培养，摇床转速为160r/min，探究不同氮源对两种真菌菌丝体生长和胞外多糖产量的影响。

③无机盐试验：在基础培养基中分别添加5mmol/L的$MgSO_4$、KH_2PO_4、$MnCl_2$、$NaCl$、$CaCl_2$、$FeSO_4$和自来水，接种培养后，测定各个锥形瓶中的菌丝干重和EPS产量。

④pH试验：使用1mol/L的HCl和NaOH调节培养液pH分别为3、4、5、6、7、8、9、10，接种培养后，测定不同pH条件下各实验组的菌丝干重和EPS产量。

（7）交互作用试验　在单因素实验基础上，探究碳源浓度和碳氮比对两种真菌胞外多糖含量的影响。碳源浓度分别为1%、2%、3%、4%、5%、6%；碳氮比分别为1:1、5:1、10:1、15:1、20:1、25:1。每组实验设三个平行，培养时间分别为8d和12d，摇床转速为160r/min，温度为26℃。

(8) 旋转单一法确定二年残孔菌发酵罐的胞外多糖的最佳培养条件　旋转单一法是一种自动校准最佳处理方法。此方法由单纯的响应面引导参数的改变，并自动校正。该方法进行过程中，每组实验的变量组合都是在上一组实验结果的基础上确定，并且继续该过程直到得到的终的变量最佳组合。本实验中起初的四组实验以 C/N 比、通气率和搅拌速度为关键变量，根据实验结果舍弃反应最差的，用新一组的实验代替新一轮的四组实验，直至多糖含量下降停止实验。新的实验组合的参数应设定：

$$N = 2 \times (B_1 + B_2 + B_3)/3 - W$$

N 表示新的实验组合；B_1，B_2 和 B_3 表示前面 4 个实验中的 3 个较好组合的参数设定值，W 表示前面 4 个实验中最差的参数设定值。

(9) 均匀设计法确定虎皮香菇产胞外多糖的发酵培养最佳培养条件　根据单因素实验的结果确定影响虎皮香菇 EPS 产量的主要因素，通过预实验确定各因素的使用量，使用 DPS v7.05 设计实验方案。

2.1.3　培养条件优化结果

(1) 二年残孔菌培养周期的确定　在培养时间内，观察二年残孔菌的菌丝干重和 EPS 产量的变化，随着时间的增加，二年残孔菌的菌丝干重和 EPS 产量均有所增长，但第 8 天以后菌丝干重仍在增加而 EPS 产量明显下降（图 2.2），这可能是由于菌丝量达到一定生长高峰期后，多糖成分作为养分供应菌丝增长而被消耗。综合考虑，确定二年残孔菌的培养周期为 8d，此时胞外多糖的含量最高。

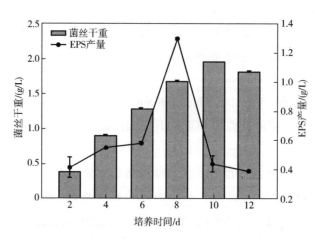

图 2.2　培养时间对二年残孔菌菌丝生物量（■）和 EPS 产量（●）的影响

2 表面活性剂和有机溶剂处理对真菌胞外多糖结构和生物活性的影响分析

(2) 单因素试验优化二年残孔菌培养条件　不同碳源对二年残孔菌的菌丝干重和EPS产量均有影响，综合考虑菌丝干重和EPS产量，确定最佳碳源为麦芽糖；在氮源试验中，有机氮源几乎都优于无机氮源，大豆粉增加了菌丝干重，这可能是由于大豆粉不完全溶解，不溶物影响了菌丝干重的测定，综合考虑，确定其最佳氮源为蛋白胨；培养基中添加不同的无机盐，目的为了增加菌丝干重和EPS产量，$FeSO_4$明显提高了EPS产量但对于菌丝干重不增反而减少，故选择KH_2PO_4作为添加最适宜生长的无机盐（图2.3）。

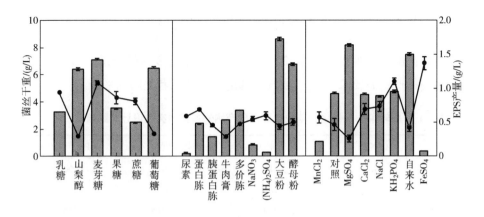

图2.3　碳源、氮源和无机盐对二年残孔菌菌丝生物量（■）和EPS产量（●）的影响

pH对二年残孔菌的菌丝生物量和EPS产量影响显著，pH为5时EPS产量最高，菌丝生物量也较高。当碳源浓度为4%时，菌丝干重和EPS含量达到最大。合适的碳源浓度不仅关系菌丝的生长，还显著影响EPS的积累，碳源过多，则容易形成较低的pH；碳源不足，则容易引起菌体衰老和自溶；在碳源浓度为4%的初始条件下，C/N比为5时EPS产量最大，菌丝干重也显著提高（图2.4）。一般而言，C/N比例不当会影响菌体摄取营养物质，从而直接影响菌丝体的生长和产物的合成，由于碳源既可作碳源又可作能源，因此一般用量比氮源多，综合以上实验结果，在后续实验中选取pH 5，碳源浓度4%，C/N比为5作为最佳培养条件。

(3) 旋转单一法优化二年残孔菌产胞外多糖发酵罐培养条件　在最初的4个实验中，参数的水平根据预实验分别设定：C/N比为5~15；通气量为1.0~2.0vvm；搅拌速率为100~250r/min。从表2.1中的实验2和实验4可以看出，较低的C/N比和较高的搅拌速度，胞外多糖的产量较低；且较高的通

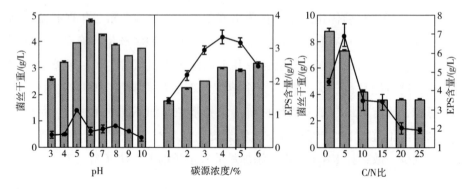

图 2.4　pH、碳源浓度和 C/N 比对二年残孔菌菌丝生物量（■）和 EPS 产量（●）的影响

气率和较高的搅拌速度（实验 2）并没有增加胞外多糖的产量。这说明提高胞外多糖的产量需要 C/N 比、通气率和搅拌速度三者之间的平衡。

表 2.1　旋转单一法优化二年残孔菌发酵产胞外多糖的实验设计及结果

实验	C/N 比	通气率/vvm	搅拌速度/(r/min)	EPS 产量/(g/L)
1	15	1	100	12.41±0.02
2	5	2.0	250	4.06±0.15
3	15	2.0	100	7.36±0.03
4	5	1	250	5.10±0.07
5	18.33	0.67	50	13.09±0.07
6	27.22	1.45	0	6.85±0.04

旋转单一法实验结果表明，二年残孔菌最佳发酵参数组合为第 5 组实验：C/N 比为 18.33，通气率控制在 0.67vvm，搅拌速度设定为 50r/min。在最佳实验条件下，胞外多糖产量比优化前提高了 3 倍，达 13.09g/L（表 2.1）。

（4）小结　通过单因素实验，优化了二年残孔菌和虎皮香菇的摇瓶培养条件。二年残孔菌摇瓶产 EPS 的最佳条件：40g/L 麦芽糖，8g/L 蛋白胨，5mmol/L KH_2PO_4，培养时间 8d，pH 为 5；在此基础上，选用 C/N 比、通气率和搅拌速度三个因素，运用旋转单一法对二年残孔菌的发酵罐培养条件进行优化，当 C/N 比为 18.33，通气率为 0.67vvm，搅拌速度为 50r/min 时，胞外多糖产量可达 13.0932g/L；虎皮香菇摇瓶产 EPS 的最佳条件为 60g/L 乳糖，4g/L 酵母粉，培养时间为 12d，pH 为 5。发酵罐培养优化中，运用均匀设计法对虎皮香菇的 C/N 比、通气率和搅拌速度三个因素进行优化，当 C/N 比为

25，搅拌速度为202r/min，通气率为1.5vvm时，胞外多糖产量最高，达56.58g/L。

2.1.4 二年残孔菌深层发酵培养的形态学和流变学

发酵过程中，真菌的菌丝体形态特征与菌体的生物活性及代谢产物的积累关系紧密，因而常被作为一个关键指标。不同真菌的菌丝形态不同，所产生的代谢产物也各不相同，如黑曲霉（*Aspergillus niger*）产柠檬酸时需以菌丝球的形式存在，而产淀粉酶时需要黑曲霉分散的丝状体。对大多数真菌来说，其发酵产物产量依赖于一种最适宜的生长形态。因此，为了得到和控制最适宜的菌丝形态以获得最大真菌多糖的产量，就必须搞清发酵条件与真菌形态的关系。

真菌的发酵液流变特性是发酵体系中的一种宏观动力学特性，是发酵体系结构的表征，会随发酵过程出现复杂的变化，因此，流变学特征严重影响发酵罐醪液的传质、传热过程以致改变菌丝体的生理、生态环境，影响菌丝体的代谢与形态（如真菌多糖的分泌），也必然影响发酵过程的生长动力学及发酵工艺的控制与优化。同时，培养基的配制、优选对发酵醪液流变学特性也有重要的影响。所以，在一定的发酵条件下，流变学特性对真菌发酵过程中的影响至关重要。

本工作利用5L搅拌式发酵罐培养二年残孔菌，研究形态学（菌丝球平均直径、粗糙度、圆度、紧密度）、流变学（黏度）及它们与菌丝干重、EPS产量的关系。研究真菌胞外多糖形态学、流变学特性，旨在进一步丰富真菌胞外多糖的理论体系，为两种真菌的规模化生产提供理论依据。

（1）培养基　二年残孔菌优化培养基：40g/L麦芽糖，2.18g/L蛋白胨，5mmol/L KH_2PO_4，pH5，补水到1000mL。

二年残孔菌未优化培养基：40g/L麦芽糖，8g/L蛋白胨，5mmol/L KH_2PO_4，pH5，补水到1000mL。

（2）发酵罐培养　5L发酵罐装入优化或未优化培养基3.5L，离位灭菌后冷却接种。设置发酵罐控制参数：二年残孔菌C/N比为18.33和5.0，通气率为0.67vvm和2.0vvm，搅拌速度设定为50r/min和250r/min；虎皮香菇C/N比为25和5，通气率为1.5vvm和3.0vvm，搅拌速度为202r/min和150r/min。自接种开始，每隔48h，取样一次，一次取3个平行。

（3）样品的处理流程　样品的处理流程见图2.5。

（4）两种真菌形态学的研究　显微镜下观察菌丝球形态后，通过DT2000

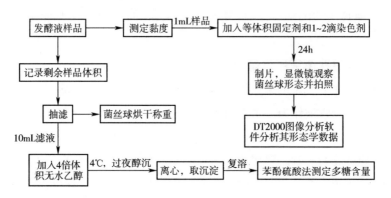

图 2.5　样品处理流程

图像分析软件分析,根据菌丝球的平均直径、菌核面积、菌丝球面积、菌丝球周长、圆度等参数计算出粗糙度、紧密度。公式如下所示:紧密度=菌核面积/菌丝球面积;粗糙度=(菌丝球的周长)^2/面积×4π。

在菌丝球染色时,先加入与发酵液等体积的固定剂和少许染色剂,在4℃冰箱温度下放置1d,然后用蒸馏水多次冲洗染色的菌丝体,将其放在载玻片上,待晾干后在40倍显微镜下拍照观察。固定菌丝球或对菌丝球进行染色操作时,可事先低速离心,以除去多余发酵液或固定剂,节约试剂。

(5) 两种真菌流变学的研究　测定样品发酵液黏度时应注意使样品混合均匀,选择合适的转子及转速并记录,黏度=黏度计读取数值×相对应转子系数(相关系数与使用的转子、转速之间的关系见表2.2)。

表 2.2　　　　　　　　黏度计转子转速相关系数表

转子编号	转速/(r/min)			
	60	30	12	6
0	0.1	0.2	0.5	1
1	1	2	5	10
2	5	10	25	50
3	20	40	100	200
4	100	200	500	1000

(6) 二年残孔菌发酵罐培养形态学、流变学变化　优化发酵条件下,随着时间的增加二年残孔菌菌丝球逐渐变大,低搅拌速度下菌丝球直径变得较大、紧密。在未优化发酵条件下,搅拌速度较高,菌丝球直径较小并趋于松

2 表面活性剂和有机溶剂处理对真菌胞外多糖结构和生物活性的影响分析

散,丝状体所占比例大,第 2 天就出现菌核,但是菌丝球较小(图 2.6)。这可能是由于二年残孔菌对剪切力敏感,搅拌速度太高,菌丝易断裂成碎片,导致细胞破裂,发酵罐中丝状体含量的增加,不利于溶解氧和营养物质的传递,导致菌丝球生长不大。该真菌在发酵培养过程中菌丝球紧密度、直径、粗糙度和圆度的变化见图 2.7。

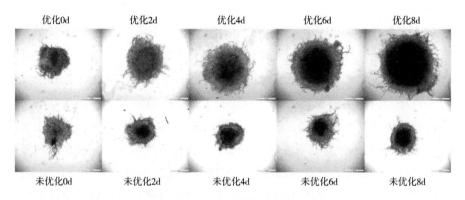

图 2.6 二年残孔菌丝球形态观察

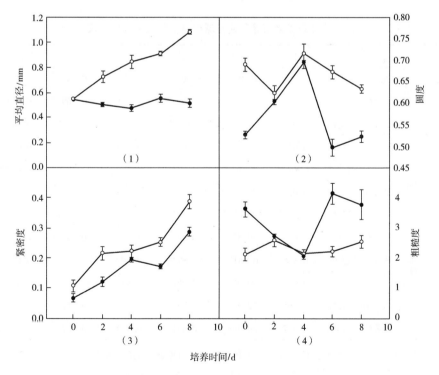

图 2.7 二年残孔菌优化(○)和未优化(●)条件的形态学指标

如图 2.6 和图 2.7 所示，发酵第 0~4 天，在优化条件下菌丝球生长较快，平均直径与未优化条件下相比变化明显；而菌丝形态差异不明显。随着发酵时间的延长，两种发酵条件下的菌丝形态在紧密度、圆度和粗糙度上差异明显；最佳条件下的菌丝球表面光滑，且完整度好；而在未优化发酵条件下的菌丝球周围粗糙，圆度也偏小。这可能是由于二年残孔菌对搅拌产生的剪切力敏感。

如表 2.3 和表 2.4 所示为二年残孔菌菌丝球形态学参数与 EPS 产量和菌丝干重之间的相关性系数表。在优化和未优化发酵条件下，菌丝干重和 EPS 产量均呈正相关（$P<0.05$）；菌丝球的紧密度和粗糙度分别在优化和未优化发酵条件中与菌丝干重和 EPS 含量呈正相关，但无显著差异；菌丝球的平均直径在优化培养基中与菌丝干重呈正相关（$P<0.01$），与 EPS 产量呈正相关（$P<0.05$），在未优化发酵条件中与菌丝干重和 EPS 产量呈负相关，但无显著差异；菌丝球的圆度在优化发酵条件中与菌丝干重和 EPS 产量均为负相关性，并无显著差异，这可能是因为搅拌速度加快细胞内多糖的释放，菌丝形态发生变化，使得发酵液中多糖含量增加。

表 2.3　　二年残孔菌优化培养基菌丝球形态参数相关性系数表

		EPS	菌丝	平均直径	圆度	紧密度	粗糙度
EPS 产量	Pearson 相关性	1	0.956*	0.904*	-0.286	0.848	0.265
	显著性（双侧）	—	0.011	0.035	0.641	0.069	0.667
菌丝	Pearson 相关性	0.956*	1	0.970**	-0.387	0.961**	0.442
	显著性（双侧）	0.011	—	0.006	0.520	0.009	0.456
平均直径	Pearson 相关性	0.904*	0.970**	1	0.292	0.967**	0.421
	显著性（双侧）	0.035	0.006	—	0.633	0.007	0.481
圆度	Pearson 相关性	-0.286	-0.387	0.292	1	-0.495	-0.936*
	显著性（双侧）	0.641	0.520	0.633	—	0.397	0.019
紧密度	Pearson 相关性	0.848	0.961**	0.967**	-0.495	1	0.617
	显著性（双侧）	0.069	0.009	0.007	0.397	—	0.267
粗糙度	Pearson 相关性	0.265	0.442	0.421	-0.936*	0.617	1
	显著性（双侧）	0.667	0.456	0.481	0.019	0.267	—

* 在 0.05 水平（双侧）上显著相关。** 在 0.01 水平（双侧）上显著相关。

2 表面活性剂和有机溶剂处理对真菌胞外多糖结构和生物活性的影响分析

表 2.4　　二年残孔菌未优化培养基菌丝球形态参数相关性系数表

		EPS	菌丝	平均直径	圆度	紧密度	粗糙度
EPS 产量	Pearson 相关性	1	0.924*	−0.257	0.047	0.889*	0.026
	显著性（双侧）	—	0.025	0.676	0.940	0.044	0.966
菌丝	Pearson 相关性	0.924*	1	−0.051	−0.200	0.963**	0.280
	显著性（双侧）	0.025	—	0.935	0.747	0.008	0.648
平均直径	Pearson 相关性	−0.257	−0.051	1	−0.935*	−0.268	0.934*
	显著性（双侧）	0.676	0.935	—	0.020	0.663	0.020
圆度	Pearson 相关性	0.047	−0.200	−0.935*	1	0.012	−0.988**
	显著性（双侧）	0.940	0.747	0.020	—	0.984	0.002
紧密度	Pearson 相关性	0.889*	0.963**	−0.268	0.012	1	0.071
	显著性（双侧）	0.044	0.008	0.663	0.984	—	0.910
粗糙度	Pearson 相关性	0.026	0.280	0.934*	−0.988**	0.071	1
	显著性（双侧）	0.966	0.648	0.020	0.002	0.910	—

＊在 0.05 水平（双侧）上显著相关。＊＊在 0.01 水平（双侧）上显著相关。

如图 2.8 和图 2.9 所示，在一定的范围内，随着发酵时间的增加，菌丝的黏度、菌丝生物量和 EPS 产量均有所提高。发酵第 6 天，在优化发酵条件下，发酵液黏度急剧上升，说明此时二年残孔菌进入快速生长时期，胞外多糖量也随之增加，这与图 3.5（1）中的菌丝干重和 EPS 产量变化趋势一致。

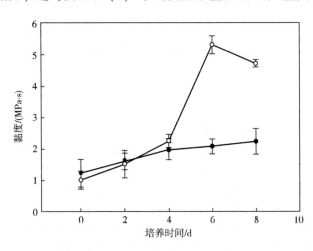

图 2.8　二年残孔菌优化（○）和未优化（●）条件下黏度随时间的变化

优化发酵条件下，第6~8天发酵液黏度下降，可能是由于菌体产生的多糖酶把多糖分解成小分子，被分解的多糖超过产生的多糖造成黏度下降。崔凤杰等人报道发酵液的黏度与菌丝体的生物量以及胞外多糖的浓度相关，本工作的研究与其报道一致。

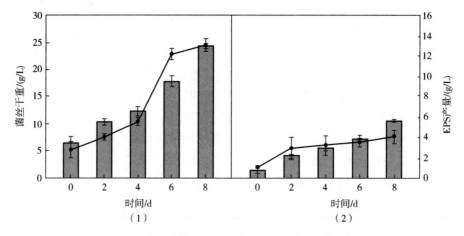

图2.9　二年残孔菌优化（1）和未优化（2）条件下菌丝干重（■）和EPS产量（●）随时间的变化

如表2.5和表2.6所示是二年残孔菌发酵液黏度与菌丝干重和EPS产量相关系数表。从表可知，发酵液的黏度与菌丝干重和EPS产量的值有关，且在优化发酵条件下，发酵液黏度与EPS产量有极显著的相关性（$P<0.01$），与菌丝干重有显著相关性（$P<0.05$）。

表2.5　二年残孔菌优化培养基发酵液流变学参数相关性系数表

		黏度	EPS产量	菌丝干重
黏度	Pearson 相关性	1	0.984**	0.896*
	显著性（双侧）	—	0.002	0.04
EPS产量	Pearson 相关性	0.984**	1	0.956*
	显著性（双侧）	0.002	—	0.011
菌丝干重	Pearson 相关性	0.896*	0.956*	1
	显著性（双侧）	0.04	0.011	—

* 在0.05水平（双侧）上显著相关，** 在0.01水平（双侧）上显著相关。

表 2.6 二年残孔菌未优化培养基发酵液流变学参数相关性系数表

		黏度	EPS 产量	菌丝干重
黏度	Pearson 相关性	1	0.958*	0.953*
	显著性（双侧）	—	0.010	0.012
EPS 产量	Pearson 相关性	0.958*	1	0.924*
	显著性（双侧）	0.010	—	0.025
菌丝干重	Pearson 相关性	0.953*	0.924*	1
	显著性（双侧）	0.012	0.025	—

*在 0.05 水平（双侧）上显著相关。

2.1.5 胞外多糖产量和结构

（1）试验方法　选用摇瓶优化后的培养基，探究非离子表面活性剂和有机溶剂对两种真菌胞外多糖产量的影响。非离子表面活性剂设 3 个处理 [0.1%（体积分数）]：吐温 40、吐温 60、吐温 80；有机溶剂设 4 个处理 [0.3%（体积分数）]：丙酮、氯仿、乙醇、二甲基亚砜（DMSO）。在发酵中后期添加表面活性剂和有机溶剂（二年残孔菌在第 6 天添加，虎皮香菇在第 8 天添加）。

用适量的蒸馏水完全溶解发酵液中醇沉的粗多糖，然后加入除蛋白液（氯仿/正丁醇=5∶1），使多糖溶液与除蛋白液体积比（3∶1）。将粗多糖与除蛋白液的混合液置于磁力搅拌器上搅拌 20min，使其充分混合均匀，放在分液漏斗上萃取 30min，去除水层与溶剂层交界处的变性蛋白，留下水相，反复几次，直至溶剂层与水的界面无沉淀为止。将所有水相混合浓缩后加入 4 倍体积的无水乙醇，在 4℃下过夜沉淀后弃去上清，多糖沉淀置于冷冻干燥机中干燥，得到两种真菌不同处理的粗胞外多糖。

用去离子水平衡 Sepharose CL-6B 层析柱 24h，流速为 1.5mL/min。称量 120mg 粗胞外多糖，溶于 3mL 0.2mol/L 的 NaCl 溶液中，用孔径为 0.22μm 的微孔滤膜过滤后通过 Sepharose CL-6B 凝胶柱层析，洗脱液为 0.2mol/L NaCl 溶液，流速为 1mL/min，利用自动收集器收集，每管 5mL，洗至无糖。用苯酚硫酸法检测收集到的溶液多糖，并用紫外分光光度计在波长 280nm 处直接检测蛋白。重复过层析柱 6 次，每次都用苯酚硫酸法收集多糖组分。将收集到的组分用旋转蒸发仪浓缩至 10mL，再用分子质量为 8000~14000ku 的透析袋透析 72h 除去多糖溶液中的 NaCl，每隔 8h 换一次蒸馏水，最后将透析过的精制胞外多糖真空冷冻干燥以备后续试验使用。

①精制胞外多糖的气相分析：

a. 标准品的测定：精密称取0.005g精制胞外多糖组分于棕色小瓶中，加入2mol/L的三氟乙酸3mL，密封后放入121℃恒温箱中2h，之后用0.22μm的水相滤膜过滤，再用旋转蒸发仪把滤液蒸干，加入2mL甲醇蒸干，重复蒸干3次。往蒸干的棕色小瓶加入1mL的吡啶，再加入0.1mL的BSTFA：TMCA（99：1）密封置于80℃恒温箱2h。溶液冷却后用有机膜过滤，滤液加到气相小瓶后待测。另外称量0.005g鼠李糖、海藻糖、核糖、阿拉伯糖、木糖、甘露糖、半乳糖、葡萄糖于棕色小瓶中，加入1mL吡啶与0.1mL的BSTFA：TMCA（99：1）密封置于80℃恒温箱2h。溶液冷却后用有机膜过滤，滤液加到气相小瓶后待测。

b. 色谱条件：HP-5 MS 60m色谱柱，升温程序：起始温度80℃，以5℃/min的速度升温至280℃，保持20min。进样量1μL，分流比5：1，延迟时间10min，进样口280，传输线280。

②精制胞外多糖的红外光谱分析：取1~2mg精制多糖，用适量溴化钾（KBr）压片，在4000~400cm^{-1}区间内用傅里叶变换红外光谱仪扫描IR吸收。

③刚果红实验：称取5mg多糖加入2mL蒸馏水和2mL 80μmol/L刚果红，然后慢慢逐滴加入1mol/L的NaOH溶液，使溶液中NaOH浓度从0逐渐升高到0.5mol/L，室温放置10min，以不加多糖样品的刚果红溶液作为空白，用紫外可见光谱仪在400~600nm范围内进行扫描，测得各NaOH浓度条件下的最大吸收波长。以NaOH浓度为横坐标，最大吸收波长为纵坐标，作出曲线图。

④胞外多糖的热重分析：将精制胞外多糖研磨成粉末，取5~10mg上样。样品温度由室温升高到900℃，升温速度为10℃/min。

⑤凝胶渗透层析法测定不同条件下胞外多糖的相对分子质量：将Sepharose CL-6B填入2.5cm×60cm层析柱中，用0.2mol/L NaCl溶液按1.5mL/min的恒定流速平衡24h，先用蓝色葡聚糖测得外水体积V_0，将浓度为40mg/mL的各种不同分子质量的标准葡聚糖（Dextran T10、T40、T70、T150）2mL分别相继上样，用0.2mol/L NaCl溶液洗脱，每管5mL分部收集，苯酚硫酸法显色，合并洗脱液，求得洗脱体积V_e，V_t为凝胶柱所能容纳的总体积，分别计算出各标准多糖的分配系数K_{av}值，$K_{av}=(V_e-V_0)/(V_t-V_0)$，以$K_{av}$为横坐标，LogM为纵坐标做标准曲线。在相同条件下测出二年残孔菌和虎皮香菇胞外多糖的V_e，由标准曲线求得不同条件下两种真菌胞外多糖的相对分子质量。

2 表面活性剂和有机溶剂处理对真菌胞外多糖结构和生物活性的影响分析

（2）表面活性剂和有机溶剂处理对二年残孔菌菌丝体干重和胞外多糖产量的影响　相同的原料采用不同方法提取所得的多糖结构有差别，来源于不同组织所得的多糖结构也有差异。如图2.10所示，添加表面活性剂吐温40和吐温60对菌丝生长有促进作用，但EPS含量下降，添加吐温80后提高了EPS产量。有机溶剂试验中，添加丙酮二年残孔菌EPS产量最高，比对照提高45.6%，说明添加有机溶剂丙酮有利于二年残孔菌EPS的积累。因此，表面活性剂选用吐温80、有机溶剂选用丙酮进行后续实验。

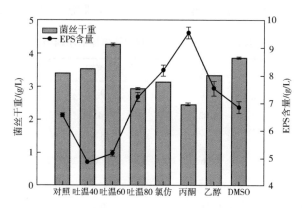

图2.10　不同试剂处理对二年残孔菌菌丝干重（■）及EPS产量（●）的影响

（3）胞外多糖的纯化　二年残孔菌不同处理下得到的胞外多糖粗品通过Sepharose CL-6B层析柱分级纯化，用苯酚硫酸法测多糖含量。结果表明不同处理下二年残孔菌的洗脱峰均为单一峰，且峰形对称（图2.11），故收集的组分为单一物质。

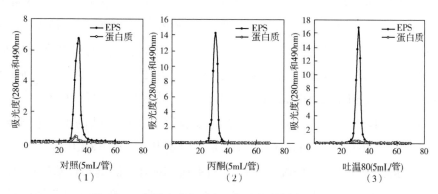

图2.11　不同处理得到的二年残孔菌胞外粗多糖经
Sepharose CL-6B柱层析多糖和蛋白的测定结果

(4) 不同处理条件下二年残孔菌胞外多糖的单糖组分分析　单糖的组成分析是糖分析中的一项重要内容，是研究多糖结构的关键，也为进一步研究多糖的化学结构提供参考。将不同处理下二年残孔菌的精制胞外多糖峰与气相数据库中的单糖峰进行比对，丙酮、吐温 80 处理后的二年残孔菌胞外多糖和对照组的胞外多糖中，单糖含量最高的均为甘露糖和葡萄糖，但丙酮处理后的 EPS 仅含有 7 种单糖，缺少 D-（+）-半乳糖。说明二年残孔菌经表面活性剂和有机溶剂处理后单糖种类和含量均发生了变化。据报道，含有 D-阿拉伯糖基和甘露糖基分支的 D-葡聚糖具有较强的抗肿瘤活性（表 2.7）。

表 2.7　不同条件下二年残孔菌精制胞外多糖的单糖组成

单糖组成/%	对照	丙酮	吐温-80
D-(+)-木糖	0.51	0.51	0.44
D-甘露糖	53.82	54.19	54.71
D-呋喃阿洛糖	0.17	0.21	0.23
D-(+)-半乳糖	0.06	0	0.03
D-葡萄糖	45.06	44.57	44.07
D-(-)-阿拉伯糖	0.21	0.32	0.35
D-核糖	0.1	0.14	0.12
D-(+)-海藻糖	0.07	0.06	0.05

(5) 不同处理下二年残孔菌胞外多糖的红外光谱分析　丙酮和吐温 80 处理前后的二年残孔菌胞外多糖的红外光谱分析结果如图 2.12 和表 2.8 所示。结果表明，在 4000～650cm^{-1} 呈多糖类物质的特征吸收。3265.8cm^{-1}、3265.5cm^{-1}、3268.8cm^{-1} 处有宽展圆滑强吸收峰，为 O—H 伸缩振动；2928.2cm^{-1} 处有较强的吸收峰，说明多糖分子中含有较多的甲基和亚甲基，也说明了多糖分子链较长，分子质量大；对照组中 2929.8cm^{-1} 和 1446.0cm^{-1}、经吐温 80 处理 EPS 的 2928.2cm^{-1} 和 1443.8cm^{-1} 出现的吸收峰表明有—CH$_2$ 基的存在；2344.2cm^{-1} 和 2361.6cm^{-1} 处的吸收峰为 C—H 键的变角振动峰；1630.4cm^{-1}、1630.3cm^{-1} 和 1632.5cm^{-1} 是乙酰氨基（—NHCOCH$_3$）的 C═O 伸缩振动吸收峰；1300～950cm^{-1} 的一组峰是吡喃糖环的醚键和羟基的吸收峰；922.7cm^{-1}、921.1cm^{-1} 和 922.1cm^{-1} 处的吸收峰，为 β-型吡喃葡萄糖的吸收峰；844.1cm^{-1}、846.2cm^{-1} 和 841.9cm^{-1} 处的吸收峰为 α-型吡喃环中的 C—H

键的变角振动；754.6cm^{-1} 和 756.8cm^{-1} 为 α-D-木吡喃糖的特征吸收峰，759.0cm^{-1} 为 D-吡喃葡萄糖环的振动吸收峰。由以上分析可知，对照组和丙酮、吐温 80 处理的二年残孔菌可能同时含有 α-型和 β-型的吡喃多糖，是非均一组分构成的多糖。但关于二年残孔菌处理前后单糖组成和单糖链接方式还需要进一步研究。

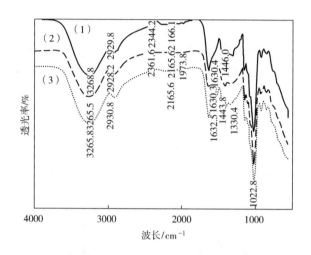

图 2.12　不同处理下二年残孔菌精制胞外多糖的红外光谱图

[（1）：对照；（2）：丙酮；（3）：吐温 80]

表 2.8　　　　　　　糖类物质红外特征吸收基团

红外吸收/cm^{-1}	特征基团
3600~3200	O—H 或 N—H 的伸缩振动
2950~2830	伯酰胺键弱双吸收峰
2930~2850	亚甲基弱吸收峰
3200~2800	C—H 伸缩振动
1700~1400	C═O、C═C 伸缩振动
1400~1200	C—H 变角振动
1200~1000	C—O—H 和吡喃糖环 C—O—C 的伸缩振动
1633±10	乙酰基的酰胺基吸收峰
844±8	α-型 C—H 变角振动吸收峰
891±7	β-型 C—H 变角振动吸收峰

（6）不同处理 EPS 的刚果红实验结果分析　NaOH 浓度较低时，溶液的紫外吸收移向长波，表明多糖可以与刚果红形成络合物，多糖样品有规则的螺旋构象；当 NaOH 浓度增大到一定程度，最大吸收波长开始下降，多糖的螺旋结构解体，变为无规则的线团形式。如图 2.13 所示，二年残孔菌经丙酮和吐温 80 处理后，NaOH 浓度小于 0.2mol/L 时，较刚果红最大吸收波长向长波移动，随着浓度的增大，最大吸收波长下降，且出现相对稳定的区域，说明二年残孔菌经丙酮和吐温 80 处理后，其多糖具有螺旋结构。二年残孔菌对照组的最大吸收波长较刚果红向长波移动，但随着 NaOH 浓度的增加，未出现平稳区域，说明对照组的二年残孔菌多糖可能不具有螺旋结构。据文献报道，高分子质量的 β-(1-3)-D-葡聚糖的高度有序构象（三股螺旋）对免疫活性的调节至关重要。

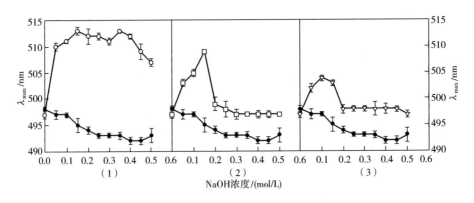

图 2.13　不同条件下二年残孔菌胞外多糖的刚果红实验
［(1)：对照；(2)：丙酮；(3)：吐温 80］

（7）不同处理二年残孔菌胞外多糖的热重分析　二年残孔菌胞外多糖在添加丙酮和吐温 80 后 TG 曲线相似，均分为明显的 3 个阶段，第一个阶段在 90℃ 左右有轻微的失重，可能是干燥过程中残留的水分或其他挥发性物质挥发；第二阶段失重在 100~500℃ 范围内，此阶段二年残孔菌多糖失重率在 65% 左右，这表明该区域是热分解过程的主要阶段，多糖自身发生了剧烈的分解反应。第三阶段失重在 500~900℃ 范围内，此阶段多糖失重率仅为 8% 左右，失重趋势较为缓慢，为剩余物的缓慢分解，所剩的主要是一些杂质和耐高温的碳化物（图 2.14）。

（8）不同处理下二年残孔菌胞外多糖的相对分子质量　不同处理下所得

2 表面活性剂和有机溶剂处理对真菌胞外多糖结构和生物活性的影响分析

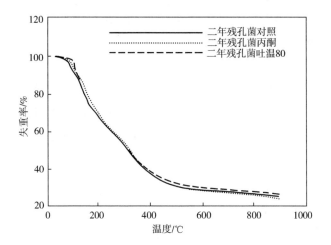

图 2.14　不同处理下二年残孔菌胞外多糖的热重图

胞外多糖的分子质量也不相同，相对分子质量在 $1\times10^4 \sim 6\times10^4$ 范围内时多糖具有很强的抗肿瘤活力。对照组的二年残孔菌胞外多糖相对分子质量为 22.1ku，吐温 80 和丙酮处理后多糖分子质量发生了变化，吐温 80 处理的胞外多糖分子质量为 40.5ku，丙酮处理的胞外多糖分子质量为 55ku（图 2.15）。

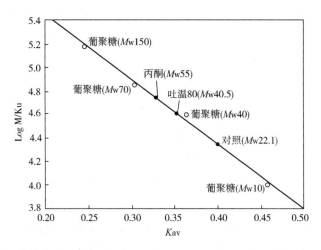

图 2.15　不同处理下二年残孔菌胞外多糖的相对分子质量

2.1.6　胞外多糖的生物活性

随着科学技术的迅猛发展和人民生活水平的不断提高，人们对保健品的追求越来越趋向于回归自然。天然药物和保健品的研究开发一直受到国内外专家的关心。真菌多糖作为众多重要生物活性物质中的一类，具有多方面的生物活性和保健功能，是目前人们研究的热点。

自由基（free radical），从化学结构上指含未配对电子的一类基团、原子或分子。诸多研究表明，由于自由基具有高度的生物化学活性，一方面它是机体防御系统的一部分，另一方面也是造成很多疾病的原因，尤其是随着人体的衰老，人体内的自由基清除剂开始减少，更容易引发种种疾病。自由基清除剂是一种能维护人体健康的物质，其能与自由基反应，并有效地清除体内产生多余的自由基。

真菌多糖能够清除体内的自由基，具有免疫调节、抗肿瘤、降血糖血脂、延缓衰老等多种生物活性，被广泛应用于医疗保健领域。到目前为止，从天然产物中已分离出300余种多糖类化合物，其中从食药用真菌中提取的水溶性多糖最为重要。专家预测，对多糖结构和功能关系的深入研究，将产生生物学的新领域，促进其在医学上和工农业上的快速发展及应用。

世界各地的科学家对从食用菌中分离的多糖类物质进行大量研究，证明多种食用菌多糖均具有抑制肿瘤、增强免疫力的生物活性。许多真菌多糖如云芝多糖、香菇多糖等具有抑制肿瘤的作用，且毒副作用小。现代医学药理研究表明：真菌多糖主要通过加强和恢复患者的免疫功能来发挥抗肿瘤作用，灵芝（$Ganoderma\ lucid\mu m$）、香菇（$Lentinus\ edodes$）、姬松茸（$Agaricus\ blazei\ murrill$）等大型食药用真菌中的某些多糖组分，尤其是$\beta$-$D$-葡聚糖衍生物，具有激活人体免疫活性细胞（ICC），增加巨噬细胞、单核细胞和中性粒细胞的作用，刺激抗体的产生，达到提高人体免疫力，增强抗肿瘤能力的目的。目前，由于动物实验周期长、成本高及社会道德等问题，运用体外培养法筛选抗肿瘤药物已成为一个非常重要的手段。

本实验应用MTT法对二年残孔菌和虎皮香菇胞外多糖的抗肿瘤作用进行体外实验研究。MTT法测定活细胞及细胞增殖是目前美国国立肿瘤所（NCI）推行的一种抗癌药物体外筛选法，适合于体外的大规模筛选。其原理是活细胞，特别是增殖细胞，在电子耦合剂存在的情形下，能够被活细胞线粒体内的琥珀酸脱氢酶还原为高度水溶性的橙黄色甲臢产物（formazan），颜色的深浅与细胞增殖成正比，与细胞毒性成反比，在450nm波长处使用酶标仪测定OD值，间接反映活细胞数量，了解细胞的增殖情况。MTT法由于实验周期短、需要较少的细胞、人为误差比较小、无放射性污染，能获得较精确的资

2 表面活性剂和有机溶剂处理对真菌胞外多糖结构和生物活性的影响分析

料,且其检测结果与同位素掺入法有良好的一致性,因此成为药物筛选主要手段。

肝癌和成骨肉瘤为发病率高、严重危害人类健康的恶性肿瘤。本研究通过提取二年残孔菌和虎皮香菇中的胞外多糖,发现其多糖组分均能抑制人体 2 种肿瘤细胞的生长,为研制新的抗癌活性物质和进一步开发利用二年残孔菌和虎皮香菇提供实验依据。

(1) 实验材料 不同条件下的两种真菌胞外多糖粗品,Hepg 2 细胞和 MG63 细胞由中国科学院水生生物研究所提供。

(2) 实验方法 水杨酸法测定胞外多糖对羟基自由基的清除率

利用 H_2O_2 与 Fe^{2+} 混合产生 ·OH,在反应体系中加入水杨酸捕捉 ·OH 产生有色物质,该有色物质的最大吸收波长为 510nm。反应体系中包含 8.8mmol/L H_2O_2 2mL、9mmol/L $FeSO_4$ 2mL、9mmol/L 水杨酸-乙醇溶液 2mL,不同浓度 (2g/L、4g/L、6g/L、8g/L、10g/L) 的多糖样品各 2mL,最后加入 H_2O_2 启动反应,在 37℃下反应 30min,以蒸馏水为对照,在 510nm 下测定不同浓度下的吸光度。考虑到多糖样品本身的吸光值,同时以蒸馏水代替 H_2O_2 进行测定作为多糖的本底吸收值。按下式计算·OH 清除率:

$$·OH 清除率 = [A_0 - (A_x - A_{x_0})/A_0] \times 100\% \quad (2.1)$$

其中,A_0 为空白对照液的吸光度;A_x 为加入样品后的吸光度;A_{x_0} 为不加显色剂 H_2O_2 的多糖溶液本底的吸光度。

①测定胞外多糖对·DPPH 的清除率:2mL 多糖溶液及 2mL 浓度为 0.1g/L 的·DPPH 50%乙醇溶液先后加入同一试管中,摇匀,25℃放置 30min,以 50%乙醇溶液为空白在 517nm 波长下测定其吸光度 A_i。

2mL 浓度为 0.1g/L 的·DPPH 50%乙醇溶液及 2mL 蒸馏水混合,摇匀,25℃放置 30min,以 50%乙醇溶液为空白在 517nm 波长下测定其吸光度 A_0。

2mL 多糖溶液及 2mL 50%乙醇溶液混合,摇匀,25℃放置 30min,以 50%乙醇溶液为空白在 517nm 波长下测定其吸光度 A_j。A_j 的引入是为了去除多糖溶液本身颜色对测定的干扰。

根据下列公式计算胞外粗多糖对 DPPH 的清除率:

$$·DPPH 清除率 = [1-(A_i-A_j)/A_0] \times 100\%$$

②MTT 法测定胞外多糖的抗肿瘤活性:常规步骤消化 Hepg 2(肝癌细胞)细胞和 MG63 细胞(人成骨肉瘤细胞),细胞计数为 7×10^4 个/mL,调整

细胞浓度 $3.5×10^4$ 个/mL，在 96 孔板加入细胞 100μL/孔（约 $5×10^3$），置 37℃ 5% CO_2 细胞培养箱培养 16h。未加细胞孔加入 200μLPBS。加入适当浓度的所检测的化合物；每个浓度做 5 个复孔。将 96 孔板在含 5% CO_2 空气、100% 相对湿度和温度为 37℃ 的细胞培养箱中，分别孵育 24h、48h、72h。每孔加入 10μL CCK-8 染色液，在 37℃ 孵育 3h。酶标仪在 450nm 波长处检测每孔的光密度。本底 OD 值为在完全培养基中添加 MTT，不添加细胞。

细胞抑制率 IR%=1-(加药细胞 OD-本底 OD/对照细胞 OD-本底 OD)×100% (2.2)

(3) 二年残孔菌不同处理胞外多糖的抗氧化活性　羟基自由基是一种最活跃的活性氧自由基，也是毒性最大的氧自由基。如图 2.16 所示，多糖对羟基自由基和 DPPH 自由基均有一定的清除能力，清除效果与多糖的浓度关系在一定的浓度范围内呈正相关，随着多糖样品质量浓度的增加，对羟基自由基和 DPPH 自由基的清除能力增强。二年残孔菌经丙酮和吐温 80 后，抗氧化能力均有提高。多糖浓度为 10g/L 时，二年残孔菌经丙酮处理后，羟基自由基清除率达到 63.23%，DPPH 自由基清除率达到 44.26%，较未经处理的二年残孔菌多糖均有提高。说明二年残孔菌经丙酮和吐温 80 处理后，均提高了其抗氧化能力。

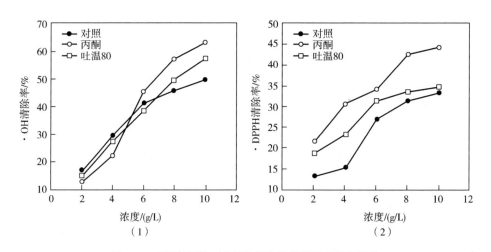

图 2.16　不同处理二年残孔菌胞外多糖的抗氧化活性

(4) 二年残孔菌不同处理胞外多糖的抗肿瘤能力　二年残孔菌胞外多糖在体外具有较好的抗肿瘤能力，并在一定范围内呈量效关系。Hepg 2 细胞培养 72h 后，二年残孔菌经吐温 80 处理多糖浓度达到 400μg/mL 时，对 Hepg 2

细胞的抑制率与空白相比呈极显著关系（$P<0.01$），最大抑制率达33.45%，比空白（13.05%）提高156%（图2.17）。

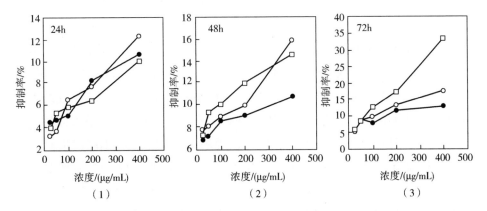

图2.17 不同处理二年残孔菌EPS对Hepg 2肿瘤细胞生长的抑制效果

（● 对照；○ 丙酮；□ 吐温80）

MG63细胞培养48h后，吐温80和丙酮处理的二年残孔菌胞外多糖浓度达$100\mu g/mL$、$200\mu g/mL$和$400\mu g/mL$时，其对细胞的抑制率与对照相比呈显著关系（$P<0.05$），随着培养时间和多糖浓度的增加，抑制率呈上升趋势，经丙酮处理后的多糖浓度达到$400\mu g/mL$时，与对照相比呈显著关系（$P<0.05$），最大抑制率为20.95%，比对照组（12.12%）提高72.85%（图2.18）。

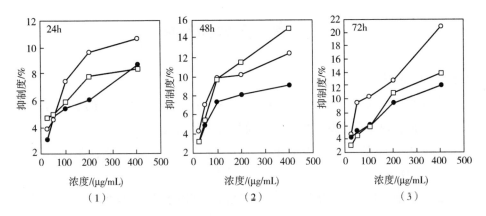

图2.18 不同处理二年残孔菌EPS对MG63肿瘤细胞生长的抑制效果

（● 对照；○ 丙酮；□ 吐温80）

（5）小结　真菌多糖是中药的一种活性成分，是机体的能量物质，存在于所有的细胞膜中，参与细胞的多种生理活动。目前，人们越来越关注真菌多糖的生物活性，特别是抗氧化和抗肿瘤作用。吐温80和丙酮处理后的二年残孔菌和虎皮香菇胞外多糖的抗氧化活性和抗肿瘤能力均有所提高，这与林贵兰等人的研究结果基本一致，为进一步开发抗氧化剂提供理论依据。多糖浓度为10g/L时，丙酮处理后的EPS羟基自由基清除率达到63.23%，DPPH自由基清除率达到44.26%；多糖浓度为400μg/mL时，吐温80处理的EPS对Hepg 2细胞的抑制率与对照相比呈极显著关系（$P<0.01$），最大抑制率达33.45%，比对照组提高了156%，丙酮处理的EPS对MG63细胞的抑制率与对照相比呈显著关系（$P<0.05$），最大抑制率为20.95%，比对照组提高72.85%。经丙酮和吐温80处理后，虎皮香菇的EPS抗氧化和抗肿瘤活性也有了显著提高，当多糖浓度为10g/L时丙酮处理的EPS羟基自由基清除率为29.26%；当多糖浓度为8g/L时，丙酮处理的EPS DPPH自由基的清除率达到63.08%，比对照组提高将近2倍。丙酮处理的EPS浓度达到400μg/mL时，与对照组相比显著（$P<0.01$），对Hepg 2细胞的抑制率达到22.85%比对照组提高134%，丙酮处理EPS对MG63细胞的抑制率达到25.29%，比对照组提高135%。

本工作选用常规的测定方法测定两种真菌的抗氧化活性和抗肿瘤活性，添加吐温80和丙酮后两种真菌胞外多糖的抗氧化活性和抗肿瘤能力均有明显提高，具有重要的开发应用价值，其作用机理仍需进一步研究。

2.2　虎皮香菇胞外多糖

2.2.1　培养基

虎皮香菇为西南科技大学贺新生教授提供，为野生子实体的组织分离菌丝体培养物，现保存于郑州轻工业学院发酵工程研究室。

①PDA培养基：200g去皮土豆，20g葡萄糖，108g琼脂，蒸馏水补至1000mL，pH自然。

②基础培养基：30g葡萄糖，3g酵母粉，蒸馏水补至1000mL，pH自然。

2.2.2　培养条件的优化

优化过程同2.1.2，优化结果讨论如下：

(1) 虎皮香菇产胞外多糖培养周期的确定　胞外多糖产量的变化与菌丝体生物量的变化呈正相关,在发酵前期胞外多糖的产量随菌丝体生物量的增加而增加,培养第 2~8 天菌丝生物量和 EPS 产量均增加但之间无显著差异,处于调整期,第 8~12 天为菌丝干重和 EPS 产量快速积累时期,当培养第 12~14 天时,胞外多糖含量开始降低(图 2.19),可能由于多糖自身溶解或者多糖浓度的增加抑制自身多糖再分泌。综合考虑菌丝生物量和 EPS 产量,确定虎皮香菇的最佳培养时间为 12d。

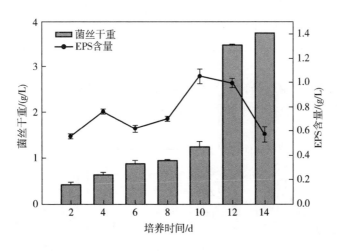

图 2.19　培养时间对虎皮香菇菌丝生物量
(■) 和 EPS 产量 (●) 的影响

(2) 单因素试验优化虎皮香菇培养条件　碳源对虎皮香菇的菌丝干重和 EPS 产量均有影响,乳糖优于其他碳源,故选用乳糖为最佳碳源;氮源对虎皮香菇的菌丝干重和 EPS 产量影响较为显著,一般而言,无机氮源不利于菌株的生长,有机氮源利于菌株的生长和胞外多糖的积累,酵母粉为氮源时菌丝干重和 EPS 产量均明显提高,故选用酵母粉为最佳氮源。无机盐对于菌丝干重和 EPS 含量的影响与对照相比无明显差异,故在后续试验中不添加无机盐(图 2.20)。

结果表明,C/N 比为 15 时,虎皮香菇的菌丝干重和 EPS 产量最大;最佳 pH 为 8;最佳碳源浓度为 6%(图 2.21)。pH 的变化会影响菌株对培养基的利用速率,从而影响菌株的生长和产物的积累。C/N 比是影响发酵过程的重

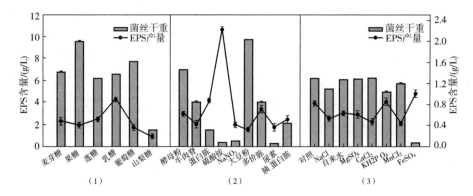

图 2.20　碳源、氮源和无机盐对虎皮香菇菌丝生物量
（■）和 EPS 产量（●）的影响

要因素，氮源添加量过高，易导致菌丝体生长过于旺盛，不利于代谢产物的合成；而氮源不足，菌体生长慢，影响 EPS 产量。

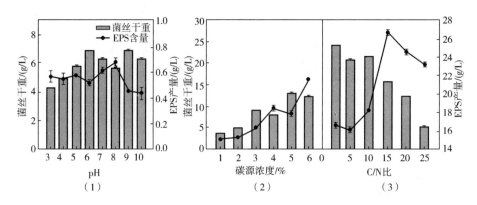

图 2.21　pH、碳源浓度和碳氮比对虎皮香菇菌丝生物量
（■）及 EPS 产量（●）的影响

（3）均匀设计法优化虎皮香菇产胞外多糖发酵罐培养条件　均匀设计法是一种多因素与多水平的实验设计方法，采用回归分析法，定量地预测优化条件和结果，具有试验次数少、方便、适用、预测性好等特点，是优化提取工艺中一个十分有用的工具。本试验选取 C/N 比、搅拌速度和通气率 3 个因素，各因素取 5 个水平，考察这 3 个因素对虎皮香菇发酵罐胞外多糖产量的影响（表 2.9）。根据既定的因素水平方案进行试验，结果见表 2.10。

2 表面活性剂和有机溶剂处理对真菌胞外多糖结构和生物活性的影响分析

表2.9　　　　　　　　虎皮香菇均匀设计实验的因素和水平

因素	水平				
	1	2	3	4	5
X_1/(C/N比)	5	10	15	20	25
X_2/(r/min)	100	150	200	250	300
X_3/vvm	1.5	2.0	2.5	3.0	3.5

注：X_1，X_2，X_3分别为C/N比例、搅拌速度和通气率。1，2，3，4，5分别代表不同的水平数。

表2.10　　虎皮香菇利用均匀设计表U5（5^3）的实验设计和实验结果

实验组数	因素（水平）			实验结果
	X_1	X_2	X_3	EPS产量/(g/L)
1	1（5）	2（150）	4（3.0）	38.63±0.03
2	2（10）	4（250）	3（2.5）	40.62±0.06
3	3（15）	1（100）	2（2.0）	45.28±0.02
4	4（20）	3（200）	1（1.5）	54.93±0.03
5	5（25）	5（300）	5（3.5）	51.04±0.01

对表2.2胞外多糖产量进行二次多项式逐步回归分析，得回归方程：

$Y = 41.5468572 + 0.05406072142 X_1 \times X_1 + 0.00001261846055 X_3 \times X_3 - 0.29017030133 X_1 X_2$，相关系数 $R = 0.9998$，F 值 $= 759.7679$，显著水平 $P < 0.05$，剩余标准差 $S = 0.2878$，说明该方程能很好地拟合虎皮香菇胞外多糖发酵条件优化的过程。

式中，Y 为虎皮香菇的 EPS 产量预测值，41.5468572 是由各实验组得到的常数，X_1，X_2，X_3 分别代表 C/N 比例、搅拌速度和通气率对 EPS 产量的影响，方程表明：EPS产量与 X_1，X_2，X_3 均有关系，$X_1 X_2$ 表示对应两个因素间的相互作用。整个方程描述了不同因素及因素间的交互作用对虎皮香菇 EPS 产量的不同作用。

采用 DPS v7.05 软件对虎皮香菇均匀设计实验的分析得知，最佳参数：C/N 比为 25，搅拌速度为 202r/min，通气率为 1.5vvm。验证实验表明，在优化条件下培养，EPS产量为 56.58g/L，高于均匀设计试验中的 5 组试验结果，表明该优化结果具有明显的指导意义；但与回归模型的预测值 58.97g/L 还有一定的误差，相对误差为 4.05%。

通过单因素实验，优化了二年残孔菌和虎皮香菇的摇瓶培养条件。二年残孔菌摇瓶产 EPS 的最佳条件：40g/L 麦芽糖，8g/L 蛋白胨，5mmol/L KH_2PO_4，培养时间 8d，pH 为 5；在此基础上，选用 C/N 比、通气率和搅拌速度三个因素，运用旋转单一法对二年残孔菌的发酵罐培养条件进行优化，当 C/N 比为 18.33，通气率为 0.67vvm，搅拌速度为 50r/min 时，胞外多糖产量可达 13.0932g/L；虎皮香菇摇瓶产 EPS 的最佳条件为 60g/L 乳糖，4g/L 酵母粉，培养时间为 12d，pH 为 5。发酵罐培养优化中，运用均匀设计法对虎皮香菇的 C/N 比、通气率和搅拌速度三个因素进行优化，当 C/N 比为 25，搅拌速度为 202r/min，通气率为 1.5vvm 时，胞外多糖产量最高，达 56.58g/L。

2.2.3 虎皮香菇发酵罐培养形态学、流变学变化

（1）培养基　虎皮香菇优化培养基：60g/L 乳糖，2.4g/L 酵母粉，pH8，补水到 1000mL。虎皮香菇未优化培养基：60g/L 乳糖，12g/L 酵母粉，pH8，补水到 1000mL。

（2）发酵罐培养　5L 发酵罐装入优化或未优化培养基 3.5L，离位灭菌后冷却接种。设置发酵罐控制参数：虎皮香菇 C/N 比为 25 和 5，通气率为 1.5vvm 和 3.0vvm，搅拌速度为 202r/min 和 150r/min。自接种开始，每隔 48h，取样一次，一次取 3 个平行。

样品的处理流程见图 2.22。

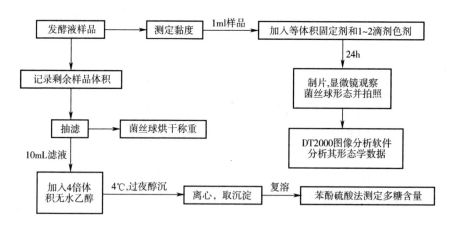

图 2.22　样品处理流程

（3）真菌形态学的研究　显微镜下观察菌丝球形态后，通过 DT2000 图像分析软件分析，根据菌丝球的平均直径、菌核面积、菌丝球面积、菌丝球周长、圆度等参数计算出粗糙度、紧密度。公式如下所示：紧密度＝菌核面积/

菌丝球面积；粗糙度=（菌丝球的周长）^{2}/面积×4π。

在菌丝球染色时，先加入与发酵液等体积的固定剂和少许染色剂，4℃冰箱放置1d，然后用蒸馏水多次冲洗染色的菌丝体，将其放在载玻片上，待晾干后在40倍显微镜下拍照观察。固定菌丝球或对菌丝球进行染色操作时，可事先低速离心，以除去多余发酵液或固定剂，节约试剂。

（4）真菌流变学的研究 测定样品发酵液黏度时应注意使样品混合均匀，选择合适的转子及转速并记录，黏度=黏度计读取数值×相对应转子系数（相关系数与使用的转子、转速之间的关系见表3.1）。

表 2.11　　　　　　　黏度计转子转速相关系数表

转子编号	转速/(r/min)			
	60	30	12	6
0	0.1	0.2	0.5	1
1	1	2	5	10
2	5	10	25	50
3	20	40	100	200
4	100	200	500	1000

不同发酵时间菌丝球形态变化和菌丝球平均直径、紧密度、圆度和粗糙度的变化见图 2.23 和图 2.24。在优化发酵条件下，菌丝球第 2 天外围菌丝生长旺盛，随着时间的增加，菌核面积逐渐增加，外围菌丝也逐渐减少，这可能是由于发酵后期，菌丝生长到了稳定期，菌丝生长同时也受到搅拌速度产

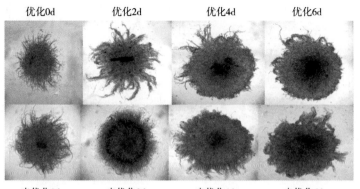

图 2.23　虎皮香菇菌丝球形态学观察

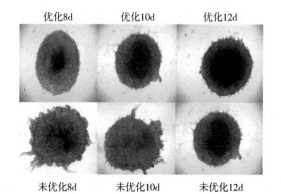

图 2.23 虎皮香菇菌丝球形态学观察（续）

生的剪切力影响；而在未优化发酵条件下，第 2 天菌丝球形态较完整，随着培养时间的延长，外围菌丝逐渐变多。虎皮香菇在两种发酵条件下菌丝球的圆度和紧密度随着时间的延长均逐渐增加，第 2 天粗糙度在两种发酵条件的差异明显，但第 2 天后两者的粗糙度无显著差异，紧密度在第 10 天和第 12 天两种发酵条件下有显著差异。

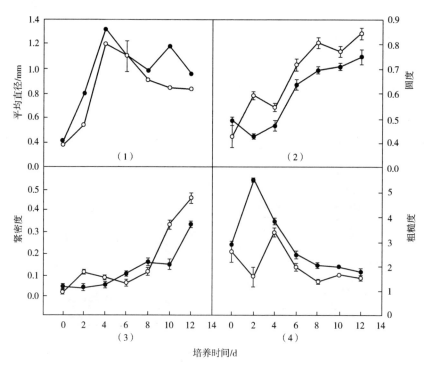

图 2.24 虎皮香菇优化（○）和未优化（●）条件的形态学指标

2 表面活性剂和有机溶剂处理对真菌胞外多糖结构和生物活性的影响分析

如表 2.12 和表 2.13 所示为虎皮香菇菌丝球形态学参数与菌丝干重和 EPS 产量的相关系数表。表中可以看出，在两种发酵条件下，菌丝球的平均直径与菌丝干重和 EPS 产量均具有一定的正相关性，但无显著差异；圆度与优化条件中的菌丝干重呈正相关（$P<0.01$），与 EPS 产量有显著正相关性（$P<0.05$）；紧密度与优化培养基中的菌丝干重有正相关性，但无显著差异，与 EPS 产量在 0.01 水平呈正相关性；粗糙度与优化和未优化发酵条件中的菌丝干重和 EPS 产量呈负相关性，无显著差异。

表 2.12　虎皮香菇优化培养基菌丝球形态参数相关性系数表

		EPS	菌丝	平均直径	圆度	紧密度	粗糙度
EPS 产量	Pearson 相关性	1	0.862*	0.694	0.873*	0.725	-0.340
	显著性（双侧）	—	0.013	0.084	0.010	0.065	0.455
菌丝	Pearson 相关性	0.862*	1	0.302	0.865**	0.923**	-0.499
	显著性（双侧）	0.013	—	0.510	0.012	0.003	0.255
平均直径	Pearson 相关性	0.694	0.302	1	0.415	0.087	0.233
	显著性（双侧）	0.084	0.510	—	0.354	0.852	0.616
圆度	Pearson 相关性	0.873*	0.865**	0.415	1	0.707	-0.729
	显著性（双侧）	0.010	0.012	0.354	—	0.076	0.063
紧密度	Pearson 相关性	0.725	0.923**	0.087	0.707	1	-0.470
	显著性（双侧）	0.065	0.003	0.852	0.076	—	0.287
粗糙度	Pearson 相关性	-0.340	-0.499	0.233	-0.729	-0.470	1
	显著性（双侧）	0.455	0.255	0.616	0.063	0.287	—

* 在 0.05 水平（双侧）上显著相关。** 在 0.01 水平（双侧）上显著相关。

表 2.13　虎皮香菇未优化培养基菌丝球形态参数相关性系数表

		EPS	菌丝	平均直径	圆度	紧密度	粗糙度
EPS 产量	Pearson 相关性	1	0.894**	0.676	0.900**	0.789*	-0.710
	显著性（双侧）	—	0.007	0.095	0.006	0.035	0.074
菌丝	Pearson 相关性	0.894**	1	0.343	0.933**	0.910**	-0.751
	显著性（双侧）	0.007	—	0.452	0.002	0.004	0.052
平均直径	Pearson 相关性	0.676	0.343	1	0.314	0.185	-0.157
	显著性（双侧）	0.095	0.452	—	0.493	0.692	0.737

续表

		EPS	菌丝	平均直径	圆度	紧密度	粗糙度
圆度	Pearson 相关性	0.900**	0.933**	0.314	1	0.848*	-0.889**
	显著性（双侧）	0.006	0.002	0.493	—	0.016	0.007
紧密度	Pearson 相关性	0.789*	0.910**	0.185	0.848*	1	0.682
	显著性（双侧）	0.035	0.004	0.692	0.016	—	0.092
粗糙度	Pearson 相关性	-0.710	-0.751	-0.157	-0.889**	0.682	1
	显著性（双侧）	0.074	0.052	0.737	0.007	0.092	—

* 在 0.05 水平（双侧）上显著相关。** 在 0.01 水平（双侧）上显著相关。

胞外多糖溶液是典型的非牛顿流体，溶液黏度随着胞外多糖浓度的增加而增大。如图 2.25 和图 2.26 所示，优化和未优化发酵条件下的虎皮香菇发酵液黏度与培养时间呈正比例关系，说明胞外多糖溶液的黏度也随着时间的增加而增加，优化发酵条件下的发酵液黏度明显高于未优化条件，这与菌丝干重和 EPS 产量的变化趋势一致。虎皮香菇的胞外多糖有良好的流变学特性，具备食品添加剂的开发潜力，在今后的实际应用中可以考虑。

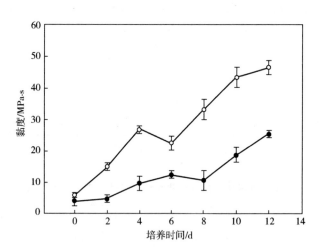

图 2.25 虎皮香菇优化（○）和未优化（●）条件下黏度随培养时间的变化

使用 SPSS17.0 分析发酵液黏度与菌丝干重和 EPS 产量之间的相关性，如表 2.14 和表 2.15 所示，在优化和未优化发酵条件下，发酵液黏度与菌丝干重和 EPS 产量均有极显著相关性（$P<0.01$），这与图 3.8 的发酵液黏度与菌

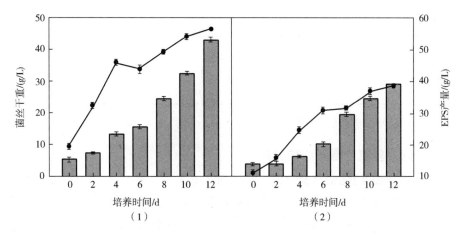

图 2.26 虎皮香菇优化（1）和未优化（2）条件下菌丝干重
（■）和 EPS 产量（●）随时间的变化

丝干重和 EPS 产量变化趋势也一致，说明胞外多糖溶液的黏度随着发酵液黏度的增大而增大，刘晓连等研究者认为这是由于随着多糖溶液浓度的提高，多糖分子之间的交联及聚合度也越来越高。

表 2.14 虎皮香菇优化培养基发酵液流变学参数相关性系数表

		黏度	EPS 产量	菌丝干重
黏度	Pearson 相关性	1	0.960**	0.954**
	显著性（双侧）	—	0.001	0.001
EPS 产量	Pearson 相关性	0.960**	1	0.862*
	显著性（双侧）	0.001	—	0.013
菌丝干重	Pearson 相关性	0.954**	0.862*	1
	显著性（双侧）	0.001	0.013	—

* 在 0.05 水平（双侧）上显著相关。** 在 0.01 水平（双侧）上显著相关。

表 2.15 虎皮香菇较差培养基发酵液流变学参数相关性系数表

		黏度	EPS 产量	菌丝干重
黏度	Pearson 相关性	1	0.905**	0.916**
	显著性（双侧）	—	0.005	0.004
EPS 产量	Pearson 相关性	0.905**	1	0.894**
	显著性（双侧）	0.005	—	0.007

续表

		黏度	EPS 产量	菌丝干重
菌丝干重	Pearson 相关性	0.916**	0.894**	1
	显著性（双侧）	0.004	0.007	—

** 在 0.01 水平（双侧）上显著相关。

2.2.4 胞外多糖产量及结构分析

（1）多糖的纯化精制及分析方法　同 2.1.3。

（2）胞外多糖的纯化　将虎皮香菇粗胞外多糖通过 Sepharose CL-6B 凝胶柱层析，共收集 60 管，用苯酚硫酸法检测这 60 管中的多糖吸光度，波长 280nm 处直接检测这 60 管的蛋白吸光度值，以管号对吸光度作图，结果如图 2.27 所示，虎皮香菇胞外多糖在处理前后均为单一洗脱峰。收集各组分浓缩、透析除去 NaCl，然后冷冻干燥得到精制胞外多糖。

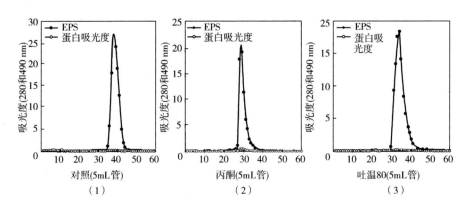

图 2.27　不同处理下虎皮香菇胞外粗多糖经
Sepharose CL-6B 柱层析多糖和蛋白的测定结果

（3）不同处理下虎皮香菇胞外多糖的单糖组分分析　将经丙酮、吐温 80 处理和对照组的虎皮香菇精制胞外多糖峰与气相数据库中的单糖峰进行比对，经丙酮处理的虎皮香菇胞外多糖和对照组的胞外多糖均含有 7 种单糖，含量最多的是甘露糖和葡萄糖，丙酮处理的虎皮香菇 EPS 甘露糖组分（44.20%）比例有所下降，葡萄糖（43.82%）比例提高；吐温 80 处理的虎皮香菇 EPS 含有 4 种单糖，含量较多的是葡萄糖（60.23%）和甘露糖（29.59%）。说明虎皮香菇经表面活性剂和有机溶剂处理后单糖种类和含量均发生了变化。虎皮香菇处理前后均为杂多糖，杂多糖一般具有较好的免疫增强作用，有报道称，具有抗肿瘤活性的灰树花多糖也为含有葡萄糖、半乳糖、甘露糖、木糖、阿拉伯糖和岩藻糖的杂多糖（表2.16）。

表2.16　不同条件下虎皮香菇精制胞外多糖的单糖组成

单糖组成/%	对照	丙酮	吐温80
D-(+)-木糖	3.54	2.81	0.00
D-甘露糖	60.11	44.20	29.59
L-(+)-鼠李糖	0.00	0.30	0.00
D-呋喃阿洛糖	1.04	0.00	0.00
D-(+)-半乳糖	9.53	6.20	6.61
D-葡萄糖	24.53	43.82	58.88
D-(+)-海藻糖	0.00	0.00	3.57
D-核糖	1.25	1.51	0.00
D-糖醛酸	0.00	1.16	1.35

（4）不同处理下虎皮香菇胞外多糖的红外光谱分析　红外光谱分析虎皮香菇经吐温80和丙酮处理前后均具有一般多糖在红外光谱图中的特征性结构，有以下几组特征峰：3259.2cm^{-1}、3270.3cm^{-1}和3331.7cm^{-1}处峰值是由多糖中 O—H 的伸缩振动引起的，是宽展圆滑吸收峰，得知羟基在分子间发生缔合，不是游离的羟基；2931.2cm^{-1}和2926.3cm^{-1}处吸收峰是由多糖中 C—H 的伸缩振动引起的，具有典型的多糖特征；1123.2cm^{-1}、1116.7cm^{-1}处是由多糖中 C—O—C 的伸缩振动引起的；1036.5cm^{-1}、1093.5cm^{-1}是由多糖中 C—O—H 的伸缩振动引起的；772.1cm^{-1}是对称环振动峰；1300~1000cm^{-1}的吸收峰显示了 C—O 伸缩振动键的存在；图（1）中，1410cm^{-1}处是由 C—H 的变角振动引起的；1123.2cm^{-1}、1026.4cm^{-1}处是由多糖中 C—O—C 和 C—O—H 键的伸缩振动引起的，图（2）中，2926.3cm^{-1}和1450.4cm^{-1}峰表明有—CH$_2$基的存在；1070.9cm^{-1}为 β-D-吡喃葡萄糖苷的吸收峰；由此可见虎皮香菇经丙酮处理后为含有 β-型的多糖。图（3）中，1641.5cm^{-1}处吸收峰是 C═O 键的非对称伸缩振动，1413.9cm^{-1}处吸收峰是 C═O 键的对称伸缩振动所致，说明有羧酸的存在。在601.9cm^{-1}、614.4cm^{-1}、598.6cm^{-1}存在吸收峰，说明多糖有葡萄糖残基。由以上分析可知，虎皮香菇经吐温80和丙酮处理前后均为含葡萄糖的多糖，但存在差异，吐温80处理的 EPS 为酸性多

糖，经丙酮处理后为 β-D-吡喃葡聚糖，结构上的不同需要进一步的实验分析。据报道，抗肿瘤活性多糖一般都含有 β-型糖苷键，同时糖醛酸的存在，也是很多酸性多糖具有特征生理活性的重要原因之一，这为进一步研究虎皮香菇多糖的生理和药理功能提供了理论依据（图 2.28）。

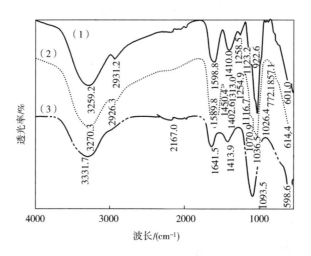

图 2.28　不同处理下虎皮香菇胞外多糖的红外光谱图
［(1)：对照；(2)：丙酮；(3)：吐温 80］

（5）不同处理 EPS 的刚果红实验结果　刚果红是一种染料，能够与具有三股螺旋结构的多糖形成络合物，该络合物的最大吸收波长与刚果红相比会发生红移，在一定的 NaOH 浓度范围内，最大吸收波长发生特征变化，当 NaOH 浓度大于 0.3mol/L 时，最大吸收波长急剧下降。如图 2.29（1）所示，虎皮香菇胞外多糖可与刚果红形成络合物，在 0～0.5mol/L NaOH 浓度范围内，在刚果红作用下多糖的最大吸收波长较刚果红最大吸收波长升高，但波长并未呈现急剧下降的趋势，因此是否具有三维螺旋结构还需进一步研究。如图 2.29（1）、（2）所示，丙酮和吐温 80 处理的虎皮香菇胞外多糖的最大吸收波长向长波方向移动，当 NaOH 浓度增大到一定程度，最大吸收波长下降，多糖的三股螺旋结构解体，变为无规则的线团形式，即在弱碱性范围内，丙酮和吐温 80 处理的虎皮香菇胞外多糖可形成有序的 3 股螺旋构象，但在强碱性条件下，由于破坏了分子间氢键，3 股螺旋结构解体为单股，不能与刚果红形成络合物。据报道，香菇多糖的三股螺旋结构在增强抗肿瘤效应中承担了重要的角色。

2 表面活性剂和有机溶剂处理对真菌胞外多糖结构和生物活性的影响分析

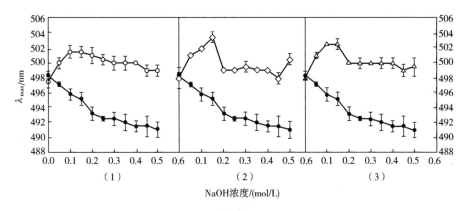

图 2.29 不同处理下虎皮香菇外多糖的刚果红实验结果
[(1):对照;(2):丙酮;(3):吐温 80]

(6) 不同处理 EPS 的热重分析 在对照组中,虎皮香菇 EPS 从室温加热到 160℃后多糖质量迅速下降,即出现失重台阶,在此温度之前多糖都比较稳定,质量减少量比较小,说明虎皮香菇精制胞外多糖在加工过程中温度最好不要超过 160℃,以确保其能稳定地发挥作用。当温度升高到 160℃,多糖质量剩余 92%,直到 600℃,多糖质量剩余 42.98%,之后随着温度升高,多糖质量又迅速下降可能是由于温度过高导致了多糖内部化学键的断裂。丙酮处理的虎皮香菇 EPS 质量急速下降,直到 411℃,多糖质量剩余 45.91%,这说明从室温加热到 411℃不仅失去了吸附水也可能发生了强烈的热裂解反应(图 2.30)。吐温 80 处理的虎皮香菇 EPS 从室温加热到 140℃多糖质量迅速下

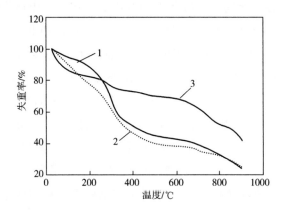

图 2.30 不同处理下虎皮香菇胞外多糖的热重图
[(1):对照;(2):丙酮;(3):吐温 80]

降,多糖质量失去了 15.77%,可以认为在 25.89~140℃ 之间发生的失重,这是由于水分导致的,其本身并没有发生失重的状况。由此可见,虎皮香菇经吐温 80 处理后的热稳定性比经丙酮处理后更好。

(7) 不同处理下虎皮香菇胞外多糖的相对分子质量 以 K_{av} 为横坐标,葡聚糖标准品系列的分子质量的对数值(LogM)为纵坐标作图得分子质量标准曲线,标准曲线的线性回归方程为:$y=-5.4858x+6.5379$ ($R^2=0.9937$),将不同洗脱体积代入线性方程即可求得相应的相对分子质量。结果如图 2.31 所示:未经处理前虎皮香菇胞外糖分子质量为 12ku,吐温 80 处理的虎皮香菇胞外多糖分子质量为 22.1ku,丙酮处理的虎皮香菇胞外多糖分子质量为 137ku。

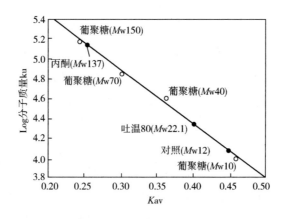

图 2.31 不同处理下虎皮香菇胞外多糖的相对分子质量

(8) 小结 在优化摇瓶发酵条件的基础上,在发酵中后期分别添加吐温 80 和丙酮,二年残孔菌的胞外多糖产量达 7.21g/L 和 9.54g/L,分别提高 10.03% 和 45.60%;虎皮香菇的胞外多糖产量达 12.29g/L 和 20.83g/L,分别提高 22.30% 和 107.26%。这与 Peter C. K. Cheung 等人的报道一致,该研究发现虎奶菇(*Pleurotus tuber-regium*)发酵培养第 5 天添加 0.3%(体积分数)的吐温 80 后,EPS 产量提高 41.80%。两种真菌添加吐温 80 和丙酮均提高了胞外多糖的产量,这可能是由于吐温 80 和丙酮增加了细胞膜中油酸的含量,影响细胞膜的组成,从而提高细胞膜的通透性,提高了胞外多糖产量。

不同来源的真菌多糖在相对分子质量和某些糖苷键组成上会有差异。研究添加吐温 80 和丙酮后对两种真菌的结构影响,红外光谱和气相色谱分析结果表明,对照组和丙酮、吐温 80 处理后的二年残孔菌 EPS 均含有 α-型和

β-型糖苷键，丙酮处理的二年残孔菌 EPS 缺少了半乳糖，这可能对多糖的生物活性产生一定的影响；吐温 80 和丙酮处理的虎皮香菇胞外多糖均为 β-D 型酸性杂多糖，且单糖组分发生了明显变化。近几年的研究报道表明，具有抗肿瘤活性的真菌多糖如多孔菌多糖、裂褶菌多糖、香菇多糖等均有 β-型糖苷键，由此推断，多糖中含有 β-型糖苷键是两种真菌多糖生物活性的结构前提。

热重分析结果表明：吐温 80 和丙酮处理的二年残孔菌 EPS 失重率均有所变化；丙酮和吐温 80 处理的虎皮香菇 EPS 的失重率有相应的变化，其中吐温 80 处理的 EPS 热稳定性比经丙酮处理后好。刚果红实验对多糖的高级结构进行初步表征，吐温 80 和丙酮处理后的二年残孔菌 EPS 具有三股螺旋结构，吐温 80 和丙酮处理的虎皮香菇 EPS 构象发生了变化，其胞外多糖出现了明显的三股螺旋结构。多糖的三股螺旋构象对抗肿瘤活性有重要影响，据报道，具有三股螺旋结构的裂褶菌（*Schizophyllum commune*）多糖具有较强的抗肿瘤活性，这对于两种真菌多糖的生物活性进一步研究至关重要。

凝胶渗透层析法测定二年残孔菌胞外多糖的分子质量可知：对照组二年残孔菌胞外多糖分子质量为 22.1ku，吐温 80 处理后胞外多糖分子质量为 40.5ku，丙酮处理后胞外多糖分子质量为 55ku；对照组虎皮香菇胞外多糖分子质量为 12.0ku，经吐温 80 处理后其分子质量为 22.1ku，经丙酮处理后其分子质量为 137.0ku。研究表明，分子质量大小是多糖发挥生物活性的必要条件，多糖分子质量大于 10.0ku 时才具有较强的抗肿瘤活力。

2.2.5 胞外多糖的生物活性

抗氧化活性及抗肿瘤活性测试方法同 2.1.5。

（1）不同处理虎皮香菇胞外多糖的抗氧化活性　如图 2.32（1）所示为虎皮香菇胞外粗多糖羟基自由基的清除能力的结果，如图 3.32 所示，随着反应体系中虎皮香菇粗胞外粗多糖溶液浓度的增加，其对羟基自由基的清除能力呈线性增加。多糖浓度为 10g/L 时，对照组虎皮香菇 EPS 的羟基自由基的清除率为 24.84%，添加丙酮和吐温 80 后 EPS 清除羟基自由基的能力均有提高，其中添加丙酮后清除率为 29.26%；添加吐温 80 后清除羟基自由基的能力为 27.09%。如图 2.32（2）所示为虎皮香菇胞外粗多糖 DPPH 自由基的清除率的结果，对照组和吐温 80 处理的虎皮香菇 EPS 随着多糖浓度的增加，DPPH 自由基的清除率也增加，但是其幅度不大，添加丙酮后虎皮香菇的

DPPH 自由基的清除率明显提高，当多糖浓度为 8g/L 时，·DPPH 的清除率达到 63.08%，比对照组提高将近 2 倍。

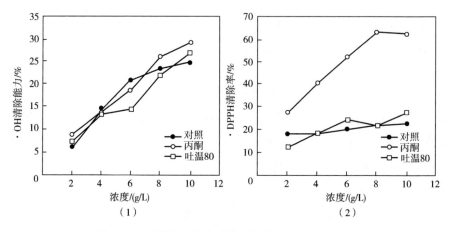

图 2.32　不同处理虎皮香菇胞外多糖的抗氧化活性

（2）虎皮香菇不同处理胞外多糖的抗肿瘤能力　随着培养时间的增加，不同条件下的虎皮香菇的胞外多糖对细胞的抑制率呈线性关系。Hepg 2 细胞培养 72h 后，丙酮处理的虎皮香菇胞外多糖浓度在 50~400μg/mL 范围之间，与对照组相比均显著（$P<0.01$），浓度达到 400μg/mL 时，最大抑制率达 22.85%，比对照组（9.75）提高 134%，吐温 80 处理的虎皮香菇胞外多糖对 Hepg 2 细胞的抑制率也增加，但与对照组相比无显著关系（图 2.33）。

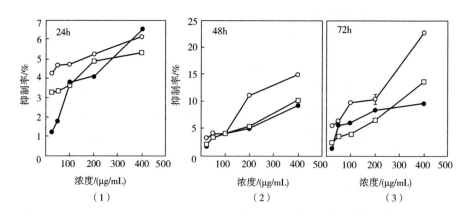

图 2.33　不同处理虎皮香菇 EPS 对 Hepg 2 肿瘤细胞生长的抑制效果
（● 空白；○ 丙酮；□ 吐温 80）

2 表面活性剂和有机溶剂处理对真菌胞外多糖结构和生物活性的影响分析

随着培养时间的延长，虎皮香菇胞外多糖浓度的提高，对 MG63 细胞的抑制率逐渐增加。当培养 72h 后，丙酮和吐温 80 处理的虎皮香菇胞外多糖浓度达 400μg/mL，与对照组相比均显著（$P<0.05$），丙酮处理后的虎皮香菇胞外多糖对 MG63 细胞的抑制效果最好，最大抑制率达 25.29%，与对照组（10.76%）相比提高了 135%（图 2.34）。

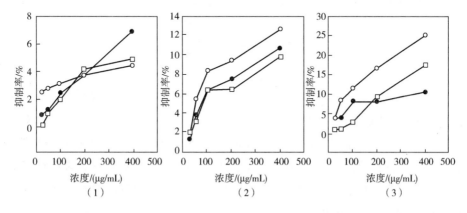

图 2.34　不同处理虎皮香菇 EPS 对 MG63 肿瘤细胞生长的抑制效果
（●空白；○丙酮；□吐温 80）

（3）小结　真菌多糖是中药的一种活性成分，是机体的能量物质，存在于所有的细胞膜中，参与细胞的多种生理活动。目前，人们越来越关注真菌多糖的生物活性，特别是抗氧化和抗肿瘤的作用。吐温 80 和丙酮处理后的二年残孔菌和虎皮香菇胞外多糖的抗氧化活性和抗肿瘤能力均有所提高，这与林贵兰等人的研究结果基本一致，为进一步开发抗氧化剂提供理论依据。多糖浓度为 10g/L 时，丙酮处理后的 EPS 羟基自由基清除率达到 63.23%，DPPH 自由基清除率达到 44.26%；多糖浓度为 400μg/mL 时，吐温 80 处理的 EPS 对 Hepg 2 细胞的抑制率与对照相比呈极显著关系（$P<0.01$），最大抑制率达 33.45%，比对照提高了 156%，丙酮处理的 EPS 对 MG63 细胞的抑制率与对照相比呈显著关系（$P<0.05$），最大抑制率为 20.95%，比对照组提高 72.85%。经丙酮和吐温 80 处理后，虎皮香菇的 EPS 抗氧化和抗肿瘤活性也有了显著提高，当多糖浓度为 10g/L 时丙酮处理的 EPS 羟基自由基清除率为 29.26%；当多糖浓度为 8g/L 时，丙酮处理的 EPS·DPPH 的清除率达到 63.08%，比对照组提高将近 2 倍。丙酮处理的 EPS 浓度达到 400μg/mL 时，

与对照组相比显著（$P<0.01$），对 Hepg 2 细胞的抑制率达到 22.85%，比对照组提高 134%，丙酮处理 EPS 对 MG63 细胞的抑制率达到 25.29%，比对照组提高 135%。

本工作选用常规的测定方法测定两种真菌的抗氧化活性和抗肿瘤活性，添加吐温 80 和丙酮后两种真菌胞外多糖的抗氧化活性和抗肿瘤能力均有明显提高，具有重要的开发应用价值，其作用机理仍需进一步研究。

2.3 小　　结

本课题以二年残孔菌和虎皮香菇为研究对象，以两种真菌所产胞外多糖含量为指标，确定培养基的优化方案，优化发酵罐产胞外多糖的条件及对发酵过程动力学、形态学和流变学的分析，此外，通过添加表面活性剂和有机溶剂提高两种真菌产胞外多糖的产量，然后对吐温 80 和丙酮对多糖分子表征、抗氧化能力及抗肿瘤活性进行系统的研究，确立了系统可行的实验方法。

2.3.1　发酵条件的优化

单因素实验得出，二年残孔菌的摇瓶最佳培养条件：培养时间 8d，碳源为 4% 麦芽糖，氮源蛋白胨，C/N 比 5，无机盐 KH_2PO_4，pH5；虎皮香菇的摇瓶最佳培养条件：培养时间 12d，碳源为 6% 乳糖，氮源酵母粉，C/N 比 15，pH 8。在此基础上，选用 C/N 比、通气率和搅拌速度三个因素，运用旋转单一法对二年残孔菌的发酵罐条件进行优化，当 C/N 比为 18.33，通气率为 0.67vvm，搅拌速度定为 50r/min 时，胞外多糖的产量比未优化前提高 3 倍，最大胞外多糖产量可达 13.09g/L；同样选用 C/N 比、通气率和搅拌速度三个因素，运用均匀设计法对虎皮香菇的发酵罐条件进行优化，优化可知：C/N 比为 25，搅拌速度为 202r/min，通气率为 1.5vvm，经验证实验可知，在优化条件下培养，胞外多糖含量为 56.58g/L。在液体发酵培养中，发酵条件对真菌菌丝的生长与代谢产物的生成与积累有关键的影响，因此发酵条件的优化为后续实验和工业化生产奠定一定的基础。

2.3.2　深层发酵的形态学与流变学研究

利用显微镜、黏度计等实验室常用的试验仪器对两种真菌的形态学与流变学进行研究。形态学主要研究真菌的菌丝体形态，计算两种真菌在不同时期菌丝的平均直径、粗糙度、紧密度、圆度。流变学主要研究两种真菌发酵

2 表面活性剂和有机溶剂处理对真菌胞外多糖结构和生物活性的影响分析

产胞外多糖与其黏度的关系。二年残孔菌在优化和未优化的发酵条件下,菌丝干重和 EPS 产量均呈正相关($P<0.05$);菌丝球的平均直径在优化培养基中与菌丝干重呈正相关($P<0.01$),与 EPS 产量呈正相关($P<0.05$);菌丝球的圆度在优化培养基中与菌丝干重和 EPS 产量均呈负相关性,并无显著差异;优化发酵条件下的发酵液黏度与 EPS 产量有极显著的相关性($P<0.01$)。发酵罐扩大培养后,虎皮香菇优化后的发酵条件在形态学、流变学参数均优于未优化发酵条件,菌丝球的圆度与优化条件中的菌丝干重呈正相关($P<0.01$),与 EPS 产量呈显著正相关($P<0.05$);紧密度与优化发酵条件下 EPS 产量在 0.01 水平呈正相关;粗糙度与优化和未优化发酵条件中的菌丝干重和 EPS 产量呈负相关。流变学方面,发酵液黏度与菌丝干重和 EPS 产量在优化发酵条件中均呈极显著相关性($P<0.01$)。由此可见,发酵液黏度及形态学参数与真菌菌丝生物量和代谢产物的积累有很大的关系。

表面活性剂和有机溶剂处理对两种真菌胞外多糖的产量及结构分析:在发酵中后期,分别添加表面活性剂和有机溶剂可增加细胞膜的通透性,提高胞外多糖的产量。实验结果可知,发酵培养中分别添加吐温 80 和丙酮后,二年残孔菌的胞外多糖产量达 7.21g/L 和 9.54g/L,较对照组相比提高了 10.03% 和 45.60%,虎皮香菇的胞外多糖产量达 12.29g/L 和 20.83g/L,比对照组提高了 22.30% 和 107.26%,这可能是由于吐温 80 和丙酮处理后,增加了细胞通透性,细胞活力降低,促使细胞内的多糖释放到发酵液中,这也是吐温 80 和丙酮在发酵中后期的重要原因。

在此基础上,收集添加吐温 80 和丙酮后两种真菌胞外多糖的粗品,经过 Sepharose CL-6B 层析柱分离纯化可知,二年残孔菌和虎皮香菇胞外多糖均为单一组分。使用气相色谱/质谱(GC/MS)、傅里叶红外光谱仪、热重分析技术及刚果红实验对二年残孔菌和虎皮香菇 EPS 分子进行初步表征。丙酮、吐温 80 处理后的二年残孔菌胞外多糖和对照组的胞外多糖中,其单糖种类和含量均发生了变化,单糖含量最高的均为甘露糖和葡萄糖,但丙酮处理后的 EPS 仅含有 7 种单糖,缺少 $D\text{-}(+)$-半乳糖;对照组和丙酮、吐温 80 处理的二年残孔菌 EPS 均含有 α-型和 β-型的吡喃多糖,是非均一组分构成的多糖。发酵中后期,培养基中添加吐温 80 和丙酮后,虎皮香菇胞外多糖的结构也发生了变化,吐温 80 和丙酮处理的虎皮香菇胞外多糖均为 $\beta\text{-}D$ 型酸性杂多糖。

刚果红实验表明,吐温 80 和丙酮处理的二年残孔菌 EPS 具有三股螺旋结构，虎皮香菇经吐温80和丙酮处理后构象发生了变化，其胞外多糖出现了明显的三股螺旋结构；这对于真菌多糖的抗肿瘤活性有直接的关系。热重分析结果表明二年残孔菌经吐温80和丙酮处理后均发生了热裂解；吐温80处理后的虎皮香菇EPS热稳定性比经丙酮处理后好。凝胶渗透层析法测定二年残孔菌胞外多糖的分子质量可知：对照组二年残孔菌EPS分子质量为22.1ku，吐温80处理的二年残孔菌EPS分子质量为40.5ku，丙酮处理的EPS分子质量为55.0ku；对照组虎皮香菇EPS分子质量为12.0ku，吐温80处理的EPS分子质量为22.1ku，丙酮处理的EPS分子质量为137.0ku。多糖的化学结构、分子链构象和分子质量极大地影响其生物活性，有报道称多糖分子质量在10.0~150.0ku范围内生物活性更强，当三股螺旋结构变成单股链后活性降低。

2.3.3 表面活性剂和有机溶剂处理对两种真菌胞外多糖生物活性的研究

采用常见的水杨酸法、DPPH法和MTT法对不同处理下两种真菌胞外多糖的抗氧化能力及抗癌能力进行测定。就二年残孔菌而言，添加吐温80和丙酮后，均提高了其胞外多糖对羟基自由基和DPPH自由基的清除能力，且清除效果与胞外多糖的浓度关系在一定的浓度范围内呈正相关。胞外多糖浓度为10g/L时，丙酮处理的二年残孔菌EPS，对羟基自由基和DPPH自由基清除力达到63.23%和44.26%，较对照组的二年残孔菌EPS显著提高。当多糖浓度为10g/L时丙酮处理的虎皮香菇EPS羟基自由基清除率为29.26%；当多糖浓度为8g/L时，丙酮处理的虎皮香菇EPS DPPH自由基的清除率达到63.08%，比对照组提高近2倍。据报道，多糖立体结构中的β-螺旋结构具有强的生物活性，这可能是吐温80和丙酮处理后，改变了两种真菌多糖的立体结构，从而提高了生物活性。

在抗肿瘤能力方面，主要研究对Hepg 2细胞和MG63细胞的抑制作用，结果表明，Hepg 2细胞培养72h，多糖浓度达到400μg/mL时，吐温80处理的二年残孔菌EPS对Hepg 2细胞的抑制率与对照组相比呈极显著关系（$P<0.01$），最大抑制率达33.45%，比对照提高156；MG63细胞培养72h，多糖浓度达到400μg/mL时，丙酮处理的二年残孔菌EPS对MG63细胞的抑制率与对照相比呈显著关系（$P<0.05$），最大抑制率为20.95%，比对照提高72.85%。丙酮和吐温80处理后，虎皮香菇的EPS抗肿瘤活性也有了显著提高，丙酮处理的EPS浓度达到400μg/mL时，与对照相比显著（$P<0.01$），

2 表面活性剂和有机溶剂处理对真菌胞外多糖结构和生物活性的影响分析

对 Hepg 2 细胞的抑制率达到 22.85%，比对照组提高 134%，丙酮处理 EPS 对 MG63 细胞的抑制率达到 25.29%，与对照组提高 135%。这与吕俊等研究者的文献报道一致，吕俊研究表明，银耳多糖的主链结构为甘露聚糖，支链由木糖和葡萄糖醛酸组成，其可诱导肝癌 Hepg 2 细胞凋亡，从而抑制细胞的增殖。

2.3.4 展望

如今，在市场上已有许多食用菌产品出现，真菌多糖为主的功能性成分的保健食品也随之出现，且已有多种真菌多糖开发成药剂。然而，对多糖的结构以及生物活性的研究起步较晚，自然界中仍然存在大量未开发的真菌资源。为促进真菌多糖在发酵产业、食品工业、医疗保健等领域的应用，其构效关系、免疫作用机制及其作用于哪些靶细胞和受体等方面都仍然需要做进一步研究。此外，对真菌多糖的抗肿瘤作用、抗衰老活性以及其构效关系和量效关系的作用机理进行深入探讨，可以促进其在临床中的应用。对真菌多糖做出更加深入的研究，将会对人类健康事业的做出一大贡献。

真菌多糖构效关系主要包括高级结构对活性的影响、溶解度对活性的影响、结构改造和修饰对活性的影响、分子质量对活性的影响，及真菌多糖的药理作用机制，特别是在分子水平上的作用机理均有待于深入研究，这些研究可很大程度地促进真菌多糖的开发、生产，开拓其应用领域。

3 碳源对杨树桑黄和马勃状硬皮马勃胞外多糖分子结构及生物活性的影响

碳源是多糖结构糖单元的来源,会影响胞外多糖的化学结构、分子尺寸及其链构象,进而影响与多糖结构相关的生物活性。为研究不同碳源对真菌胞外多糖分子结构及活性的影响,本工作选用杨树桑黄和马勃状硬皮马勃为菌种,对其摇瓶发酵条件进行优化,并研究了最佳发酵条件下的形态学;选取最佳的五种碳源,发酵罐制备 EPS,经除蛋白色素后分离纯化得精制 EPS;利用凝胶过滤色谱测定其分子质量,红外光谱、GC/MS、SEC/MALLS 及黏度法进行分子结构分析,最后测定其对 ·OH 自由基和 ·DPPH 自由基的清除率。

该课题所研究的内容用实验框架图表示,如图 3.1 所示:

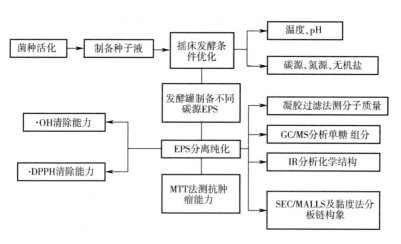

图 3.1 实验框架图

本工作利用不同碳源液体发酵杨树桑黄和马勃状硬皮马勃产 EPS,对其发酵条件优化、分子质量、化学结构、链构象和生物活性进行研究,揭示了不同碳源下 EPS 发酵条件、结构及其生物活性的差异,为进一步阐明多糖的构效关系提供了理论基础。本研究属于高等真菌发酵多糖方面的应用基础科

3 碳源对杨树桑黄和马勃状硬皮马勃胞外多糖分子结构及生物活性的影响

学问题,对于进一步发展和完善多糖发酵控制,促进多糖作为抗肿瘤、提高机体免疫的天然药物的研究和开发具有十分重要的学术价值和应用前景。

3.1 杨树桑黄胞外多糖

3.1.1 液体深层发酵培养条件的优化及形态学研究

自真菌多糖的药用价值被发现以来,我国就开始研究真菌的栽培技术,主要以固体栽培技术为主。然而固体栽培的生长周期长,占地面积广,劳动强度大,受季节环境影响等因素的制约,很难实现产业化生产。因此发酵法生产真菌多糖成为目前发展的大趋势,其中液体深层发酵培养具有培养时间短,节约资源,产率高,生产过程易于控制,培养基丰富,菌丝体易于分离等优点,可实现工业化生产。

而且研究发现液体深层发酵培养获得的胞外多糖与从子实体提取的多糖具有相似的生物活性,但其高产率是子实体多糖无可比拟的。陆正清研究表明,液体深层发酵灵芝,其菌丝体中粗多糖和多糖含量分别为子实体的 2.26 倍和 3.5 倍,目前液体深层发酵法已被广泛用于真菌多糖的发酵提取。真菌发酵生产可以产生大量有用的代谢产物,广泛用于医药、食品行业,产生巨大的经济和社会价值。其在发酵过程中的菌丝体形态对菌丝体的生理活性状态及代谢产物的积累非常重要,因此为了得到最佳产物目标,需要研究发酵条件与菌丝体形态之间的关系。

本工作利用摇床发酵培养两种真菌,以 EPS 产量为指标,对其培养基(碳源、氮源、无机盐)和培养条件(温度、pH)进行优化,并在最佳培养条件下研究其形态学特征,为后期的发酵罐培养奠定基础。

(1)菌种及培养基

①菌种:

a. 杨树桑黄:菌种来自郑州轻工业学院发酵工程研究室,于斜面培养基上置 4℃冰箱中保存。

b. 马勃状硬皮马勃:菌种由西南科技大学贺新生教授提供,由野生子实体经组织分离获得。

②培养基:

a. PDA 培养基:200g 去皮土豆,20g 葡萄糖,20g 琼脂,加蒸馏水至

1000mL，pH 自然；不加琼脂为 PDA 培养液。

b. 基础培养基：30g/L 葡萄糖，3g/L 蛋白胨，装液量为 50mL/250mL 锥形瓶，pH 自然。

（2）实验方法

①菌种活化：挑取冰箱中保存的试管斜面菌种到 PDA 平板上，置于电热恒温培养箱（26℃）中培养 7d。

②种子液的制备：用打孔器取平板边缘新生菌丝两块，接入含 50mL 种子培养液的 250mL 锥形瓶中，于转速设定为 160r/min、温度为 26℃的摇床中培养 4d。然后加入灭菌磁珠和玻璃珠，置于磁力搅拌器上将菌丝球打碎后备用。整个实验过程中的接种量均为 4%（体积分数）。

③制作葡萄糖标准曲线：准确称取于 105℃烘箱中干燥至恒重的葡萄糖标准品 0.255g，加蒸馏水溶解后，转移至 100mL 容量瓶中定容，即为葡萄糖标准母液；移取 1mL 母液移至 100mL 容量瓶中定容，即为葡萄糖标准液。

分别吸取葡萄糖标准液 0mL、0.2mL、0.4mL、0.6mL、0.8mL、1.0mL 置于试管中，补蒸馏水至 1mL，再各加入 5%的苯酚 1mL 和浓硫酸 5mL，涡旋振荡混匀，然后沸水浴 15min，取出后再冰水浴 15min。以加入 0mL 葡萄糖标准液的反应液作为空白对照调零，于 490nm 下测各反应液的吸光度值。以葡萄糖浓度为横坐标，反应液吸光度值为纵坐标，绘制葡萄糖标准曲线。

④菌丝体和 EPS 产量的测定：采用抽滤法分离菌丝体和发酵液，将滤纸和菌丝置于 70℃烘箱中烘干后称量，减去滤纸重即为菌丝干重。菌丝体产量的计算公式如下：

$$菌丝体产量(g/L) = 菌丝干重(g) / 发酵液体积(mL) \times 1000 \tag{3.1}$$

将发酵液旋转蒸发浓缩至 100mL 左右，浓缩液加入 4 倍体积 95%乙醇，4℃静置过夜，然后 10000r/min 离心 15min，得到的粗多糖沉淀用蒸馏水溶解并定容至 250mL，然后用苯酚硫酸法测定其多糖含量。

⑤最适生长周期的确定：将两种真菌分别培养 14d，每隔 2 天测定其菌丝体和 EPS 产量。

⑥单因素试验确定最佳摇瓶培养条件：

a. 碳源优化试验：分别用蔗糖、果糖、乳糖、麦芽糖、半乳糖、木糖代替基础培养基中的葡萄糖，26℃、160r/min 培养，测其菌丝体和 EPS 产量。

b. 氮源优化试验：分别用牛肉膏、玉米粉、胰蛋白胨、大豆粉、酵母粉、尿素、$(NH_4)_2SO_4$、$NaNO_3$ 代替基础培养基中的蛋白胨，26℃、160r/min 培养，测其菌丝体和 EPS 产量。

c. 无机盐优化试验：在基础培养基中分别添加 5mM 的 $MgSO_4$、KH_2PO_4、$CuSO_4$、$NaCl$、$CaCl_2$、$FeSO_4$，以不加无机盐的作为对照，26℃、160r/min 培养，测其菌丝体和 EPS 产量。

d. pH 试验：使用 1mol/L 的 HCl 和 NaOH 调节基础培养液 pH 分别为 4.0、5.0、6.0、7.0、8.0 和 9.0，26℃、160r/min 培养，测其菌丝体和 EPS 产量。

e. 温度试验：采用基础培养基，接种后分别进行 22、24、26、28、30 和 32℃ 160r/min 培养，测定其菌丝体和 EPS 产量。

f. 正交试验：在单因素实验的基础上，采用正交试验优化两种真菌在摇瓶培养中获得最高 EPS 产量的条件。为了综合确定培养基中碳源、氮源和无机盐的最佳浓度组合，本实验设计了 L9（3^4）正交表。

g. 形态学和黏度研究：每两天取一次优化培养基培养的菌丝体，显微镜下拍摄其形态并测定培养液的黏度和 pH。菌丝体进行显微观察前，先加入与发酵液等体积的固定剂和少许染色剂，4℃ 放置 1d，然后用蒸馏水将菌丝体冲洗干净，晾干后备用。菌丝球的紧密度、粗糙度通过 DT2000 图像分析软件分析，利用平均直径、菌核面积、菌丝球面积、菌丝球周长、圆度等参数计算。公式如下所示：

紧密度＝菌核面积/菌丝球面积；粗糙度＝（菌丝球的周长）^{2}/（菌丝球面积×4π）。

测定发酵液黏度时应先将样品混合均匀，选择合适的转子及转速。样品黏度＝黏度计读取数值×相对应转子系数。相关系数与使用的转子、转速之间的关系如表 3.1 所示。

表 3.1　　黏度计转子转速相关系数

转子编号	转速/（r/min）			
	60	30	12	6
0	0.1	0.2	0.5	1
1	1	2	5	10
2	5	10	25	50
3	20	40	100	200
4	100	200	500	1000

(3) 最适生长周期的确定　在发酵培养期间，每 2 天取一次样，测量杨树桑黄菌丝体和 EPS 产量，用 sigmaplot 软件作图，结果如图 3.2 所示。随着培养时间的增加，杨树桑黄的菌丝体和 EPS 产量均显著增加，但第 8 天以后菌丝体产量仍在增加，EPS 产量却明显下降。出现这种现象的原因可能是由于菌丝体达到一定生长高峰期后，碳源不足，产生的多糖逐渐作为养分供应菌丝增长而被消耗。本实验以 EPS 产量为观测指标，因此确定杨树桑黄的生长周期为 8d，此时 EPS 产量达到最高。

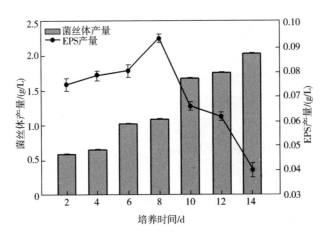

图 3.2　培养时间对杨树桑黄菌丝体和 EPS 产量的影响

(4) 单因素实验结果　如图 3.3 所示，碳源、氮源和无机盐对杨树桑黄的菌丝体和 EPS 产量均有显著影响。如图 3.3（1）所示，杨黄对葡萄糖、蔗糖、果糖、麦芽糖、乳糖的利用率较高，以葡萄糖为碳源时菌丝体产量最高，但当 EPS 产量低于以蔗糖为碳源时，杨树桑黄摇瓶发酵的最佳碳源为蔗糖。由图 3.3（2）可知，以玉米粉为氮源时，杨黄的菌丝体和 EPS 产量均达到最大值，其次是酵母粉，这与李延生研究的瓦尼木层孔菌的培养特性结果一致。并且研究表明无机氮源不利于菌株的生长，有机氮源利于菌株的生长和胞外多糖的积累，本实验结果与其一致。

因此杨树桑黄发酵的最佳氮源为玉米粉。在培养基中添加适量的无机盐，可以增加菌丝体和 EPS 产量。如图 3.3（3）所示，添加无机盐较没有添加无机盐的 EPS 产量高。当添加 $MgSO_4$ 时杨黄的菌丝生物量达到最大，但添加 KH_2PO_4 时，EPS 产量显著增加，故选择 KH_2PO_4 作为最适宜生长的

3 碳源对杨树桑黄和马勃状硬皮马勃胞外多糖分子结构及生物活性的影响

无机盐添加应用。

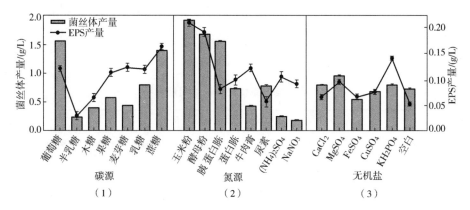

图 3.3 碳源、氮源和无机盐对杨树桑黄菌丝体及 EPS 产量的影响

培养基中 pH 的变化对真菌营养物质的吸收与利用、细胞的生长、EPS 产量都有着很大的影响。以液体种子培养基为基础培养基,其他条件保持不变,调节培养基 pH 分别为 3、4、5、6、7、8,进行发酵培养,确定最适 pH,结果如图 3.4(1)所示。可以得出,当培养基 pH 为 7.0 时,杨树桑黄产胞外多糖的产量最高。选取 5 个温度梯度,24℃、26℃、28℃、30℃、32℃对杨树桑黄进行发酵培养,测定其菌丝体和 EPS 产量。由图 3.4(2)可以看出,26℃时杨树桑黄的菌丝体产量最高,随着温度的升高,菌丝体产量没有明显变化;EPS 产量在 28℃时增加至最大值,然后随着温度的升高 EPS 产量降低,因此选取 28℃为最佳培养温度。

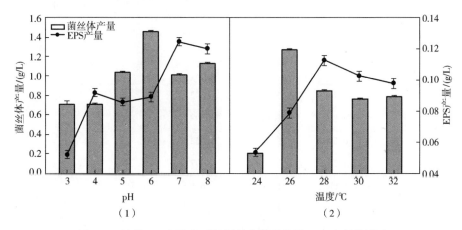

图 3.4 培养 pH 和温度对杨树桑黄菌丝体及 EPS 产量的影响

（5）正交实验结果　根据上述单因素实验结果，碳源选择蔗糖，氮源选择玉米粉，无机盐选择 KH_2PO_4，设计 L9（3^4）正交表进行正交试验优化杨树桑黄产 EPS 的最佳培养基组合。各因素和水平详见表 3.2，正交试验结果如表 3.3 所示。

表 3.2　　　　杨树桑黄培养基优化的试验因素水平

水平	试验因素		
	A（蔗糖）/(g/L)	B（玉米粉）/(g/L)	C(KH_2PO_4)/(mmol/L)
1	20	2	4
2	30	3	5
3	40	4	6

表 3.3　　　　　　　　杨树桑黄正交试验结果

试验号	因素			试验结果	
	A	B	C	菌丝体产量/(g/L)	EPS 产量/(g/L)
1	1	1	1	1.454	0.296
2	1	2	2	1.136	0.199
3	1	3	3	1.110	0.247
4	2	1	2	1.400	0.245
5	2	2	3	1.788	0.258
6	2	3	1	1.708	0.203
7	3	1	3	2.154	0.183
8	3	2	1	2.230	0.337
9	3	3	2	2.462	0.346
菌丝体产量	K_1	3.700	5.008	5.392	—	—
	K_2	4.896	5.154	4.998	—	—
	K_3	6.846	5.280	5.052	—	—
		1.233	1.669	1.797		
		1.632	1.718	1.666		
		2.282	1.760	1.684		
	R	1.049	0.091	0.131	—	—

续表

试验号		因素			试验结果	
		A	B	C	菌丝体产量 /(g/L)	EPS 产量 /(g/L)
EPS 产量	K_1	0.742	0.724	0.837	—	—
	K_2	0.706	0.794	0.790		
	K_3	0.866	0.796	0.688		
		0.247	0.241	0.279		
		0.235	0.265	0.263		
		0.289	0.265	0.229		
	R	0.053	0.024	0.049		

如表 3.3 所示，以菌丝体和 EPS 产量为指标，影响因素的主次顺序均为 A>C>B，最优组合为 $A_3C_1B_3$。如表 3.3 所示的 9 组实验组合中没有最优组合为 $A_3C_1B_3$，因此选择该组合进行追加实验，获得最佳条件下的胞外多糖产量为 0.352g/L。杨树桑黄的最优培养基组合为 40g/L 蔗糖，4g/L 玉米粉，4mmol/L KH_2PO_4，获得的胞外多糖产量为 0.352g/L。

（6）杨树桑黄形态学结果 在优化培养基中，不同发酵时间的杨黄菌丝球形态变化和菌丝球平均直径、圆度、紧密度和粗糙度的变化分别如图 3.5 和图 3.6 所示。如图 3.5 所示，随着培养时间的增加，菌丝球逐渐增大，第 2 天已有明显的菌核，外围菌丝持续生长。到第 6 天菌丝生长最旺盛，发酵后期菌核较为致密，菌丝逐渐减少，这可能是由于发酵后期，菌丝生长到了稳定期。菌丝球的直径和紧密度随着时间的延长均逐渐增加 [图 3.6（1）和图 3.6（3）]，圆度呈先增加后减小的趋势，初期圆度小可能与发酵初期菌丝球为丝状体有关，随着发酵时间的增加，外围菌丝增加圆度急剧下降 [图 3.6

图 3.5 杨树桑黄随发酵时间的形态变化（放大倍数 40）

(2)]。如图3.6（4）所示可知，菌丝球的粗糙度先减小后增加，与圆度呈负相关。

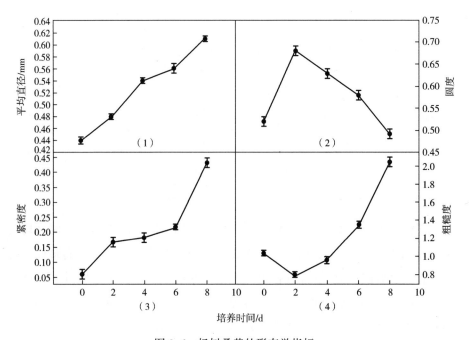

图3.6 杨树桑黄的形态学指标

（7）小结 通过单因素实验确定了杨树桑黄产EPS的最优环境条件为温度28℃、pH7、摇床转速160r/min，最适生长周期为8d，最佳碳源、氮源和无机盐分别是蔗糖、玉米粉和KH_2PO_4。正交试验优化杨树桑黄的最佳培养基组合为40g/L蔗糖，4g/L玉米粉，4mmol/L KH_2PO_4，获得的最大胞外多糖产量为0.352g/L。

在摇床优化培养基中，杨树桑黄菌丝球随着培养时间的延长逐渐增大，其平均直径、紧密度均逐渐增加，圆度先增加后急剧减小，粗糙度与圆度呈负相关，表现为先减小后增加的趋势。

3.1.2 胞外多糖的分离纯化及分子结构的测定

（1）多糖的提取及精制

①不同碳源发酵罐发酵两种真菌：根据优化结果，选取两种真菌均能较好利用的五种碳源，即葡萄糖、蔗糖、果糖、麦芽糖和乳糖，进行发酵罐培养。5L发酵罐中加入3.5L的发酵罐培养液，放入立式灭菌锅中灭菌后立即放

3 碳源对杨树桑黄和马勃状硬皮马勃胞外多糖分子结构及生物活性的影响

置到发酵罐设备上，待冷却到设定温度后接入4%的种子液。搅拌速度设定为150r/min，进气量为2vvm。

②提取发酵液中多糖：利用抽滤法分离菌丝体和发酵液，将所得发酵液旋转蒸发浓缩至100mL左右，加入4倍体积无水乙醇，4℃静置过夜，然后10000r/min离心15min，得到粗多糖沉淀。

③Sevag法除蛋白：在所得粗多糖沉淀中加入适量的蒸馏水，使其完全溶解，得到粗多糖沉淀。配制氯仿/正丁醇（5∶1）（体积比）混合液，即除蛋白液。加入1/3多糖溶液的除蛋白液，置于磁力搅拌器上搅拌30min，然后于分液漏斗中静置20min，除去下层的有机相，留下水相，重复4~5次，直至有机相与水相间无明显沉淀为止。

将所有水相旋转蒸发浓缩至100mL左右，加入4倍体积无水乙醇，4℃静置过夜，然后10000r/min离心15min，得到粗多糖沉淀。然后将多糖沉淀冷冻干燥，即得粗胞外多糖。

④粗胞外多糖的分离纯化：利用Sepharose CL-6B层析柱对粗胞外多糖进行分离纯化，每次上样前需用0.2mol/L NaCl缓冲液冲洗Sepharose CL-6B层析柱。

称量20mg粗多糖，溶于2mL 0.2mol/L的NaCl缓冲液中，用0.22μm孔径的滤膜过滤后通过Sepharose CL-6B柱层析。调整恒流泵使洗脱液流速为1.15mL/min，利用自动收集器收集1~60管，每管5mL。从每管取1mL收集液，用苯酚硫酸法于490nm处检测多糖，然后于280nm处直接检测剩余收集液的蛋白，记录吸光度值。以管数为横坐标，吸光度值为纵坐标，绘制粗多糖纯化图。重复过层析柱8~10次，根据纯化图将同一组分的多糖收集在一起，旋转蒸发浓缩后用截留分子质量为3500ku的透析袋透析3d，每天换蒸馏水3次。最后将透析过的精制胞外多糖冷冻干燥，置于干燥器中备用。

五种碳源发酵杨树桑黄产EPS的纯化结果如下图3.7至图3.11所示，通过分析可知，以葡萄糖、蔗糖、果糖、麦芽糖为碳源制得的粗多糖纯化时均有两个峰，即两个组分（我们用Fr-Ⅰ和Fr-Ⅱ表示）。并且以葡萄糖、果糖、麦芽糖为碳源发酵得EPS的蛋白吸收峰出在多糖吸收峰的第二个峰处，说明精致多糖的第二个组分可能含有部分糖蛋白；而以蔗糖为碳源时，蛋白吸收峰在两个多糖吸收峰中都有，说明其精制多糖的两个组分均含有糖蛋白；以乳糖为碳源发酵得粗多糖的纯化仅有一个峰，说明为单一组分，且可能含有一定量的糖蛋白。以麦芽糖为碳源时，发酵得EPS纯化出来的第一个组分的吸收峰较其他碳源发酵得 EPS 纯化的第一个组分的吸收峰相比明显小很多，说明其第一个组分的多糖含量比较少。不同碳源发酵杨树桑黄制得的粗多糖精制组分的收集管数大致相同，以葡萄糖、蔗糖、果糖、麦芽糖和乳糖分别为碳源时，精制多糖组分的收集管数分别为 Fr-Ⅰ 13~28 管，Fr-Ⅱ 29~40 管；Fr-Ⅰ 12~28 管，Fr-Ⅱ 29~40 管；Fr-Ⅰ 12~28 管，Fr-Ⅱ 29~35 管；Fr-Ⅰ 14~24 管，Fr-Ⅱ 25~40 管；单一组分 25~40 管。其中以麦芽糖为碳源时，发酵得 EPS 的第一个组分吸收峰比较靠前，说明其分子质量较大，较先被洗脱出来。

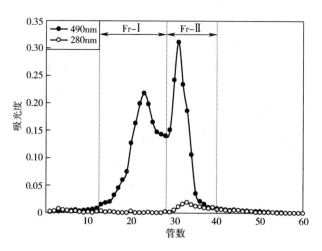

图 3.7　葡萄糖为碳源发酵杨树桑黄产 EPS 的纯化

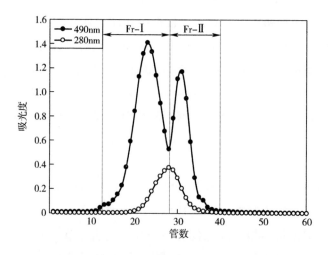

图 3.8　蔗糖为碳源发酵杨树桑黄产 EPS 的纯化

3 碳源对杨树桑黄和马勃状硬皮马勃胞外多糖分子结构及生物活性的影响

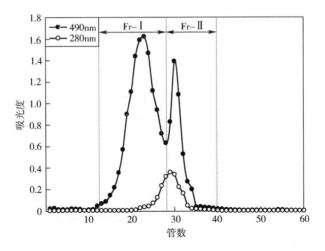

图 3.9 果糖为碳源发酵杨树桑黄产 EPS 的纯化

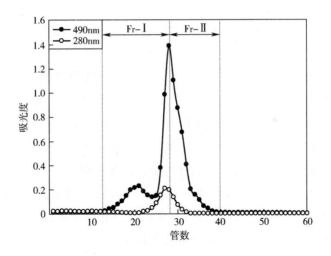

图 3.10 麦芽糖为碳源发酵杨树桑黄产 EPS 的纯化

（2）精制 EPS 的红外光谱（IR）测定　称取 2~3mg 精制 EPS，加入适量的 KBr，研磨均匀后压片，用傅立叶变换红外光谱仪在 4000~400cm^{-1} 波长区间内扫描吸收。

不同碳源发酵杨树桑黄产 EPS Fr-Ⅰ的红外光谱图如图 3.12 所示，通过分析可知，以不同碳源发酵杨树桑黄获得的胞外多糖 Fr-Ⅰ其结构存在相似性，如这些胞外多糖的分子氢键均已分子间氢键为主，均有—COOH、磺酰基—O—SO$_2$—R、氨基或酰胺基。但是分子机构的差异性也很明显，它们含

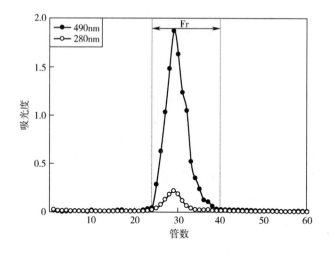

图 3.11 乳糖为碳源发酵杨树桑黄产 EPS 的纯化

有的部分官能团、分子连接方式以及分子构型各不相同。如以蔗糖、果糖和麦芽糖为碳源发酵获得的胞外多糖有 C—O—C 环内醚结构，而以葡萄糖和乳糖为碳源发酵获得的胞外多糖没有此官能团。以葡萄糖为碳源发酵获得的 EPS Fr-Ⅰ 为 β-吡喃型的酸性杂多糖，以果糖和麦芽糖为碳源发酵获得的 EPS Fr-Ⅰ 为 α-甘露吡喃型的酸性杂多糖，以蔗糖为碳源发酵获得的 EPS Fr-Ⅰ 为 α-、β-两种构型共存的甘露吡喃型酸性杂多糖，以乳糖为碳源发酵获得的 EPS 为酸性甘露聚糖。因此，我们可以得出，在相同条件下，使用不同碳源发酵培养杨树桑黄，获得的 EPS Fr-Ⅰ 的结构和糖的构型是不同的。

不同碳源发酵杨树桑黄产 EPS Fr-Ⅱ 的红外光谱图如图 3.13 所示，通过分析可知，以不同碳源发酵杨树桑黄获得的 EPS Fr-Ⅱ 的分子结构存在相似性，如它们都含有氨基或酰胺基说明发酵获得的多糖可能含有糖蛋白；其分子氢键均已分子间氢键为主，均有磺酰基-O-SO_2-R 以及-COOH 官能团。但是，分子机构的差异性也很明显，它们含有的部分官能团、分子连接方式以及分子构型各不相同。如以果糖为碳源发酵获得的 EPS Fr-Ⅱ有 C-O-C 环内醚结构，而其他四种碳源发酵获得的 EPS Fr-Ⅱ没有此官能团。以麦芽糖为碳源发酵获得的 EPS Fr-Ⅱ为 β-甘露吡喃型的酸性杂多糖，以葡萄糖、蔗糖和果糖为碳源发酵获得的 EPS Fr-Ⅱ为 α-甘露吡喃型的酸性杂多糖，以乳糖为碳源发酵获得的 EPS 为酸性甘露聚糖。通过分析可知，在相同条件下使用不同碳源发酵培养杨树桑黄，获得的胞外多糖 Fr-Ⅱ的结构和糖的构型是不同的。

3 碳源对杨树桑黄和马勃状硬皮马勃胞外多糖分子结构及生物活性的影响

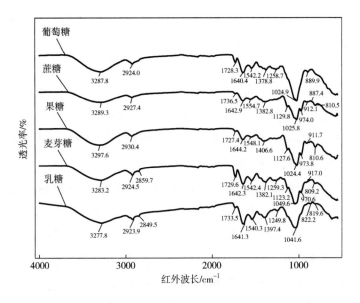

图 3.12　不同碳源发酵杨树桑黄产 EPS Fr-Ⅰ 的红外光谱图

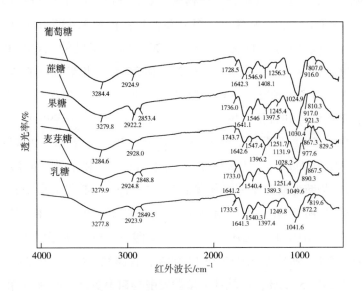

图 3.13　不同碳源发酵杨树桑黄产 EPS Fr-Ⅱ 的红外光谱图

（3）精制 EPS 的气相/质谱（GC/MS）测定　称取精制 EPS 3mg，放入棕色小瓶中，加入 3mL 2mol/L 的三氟乙酸，密封后置于 121℃ 的烘箱中恒温 2h。冷却后用 0.22μm 的水相过滤，滤液旋转蒸干，然滤膜后加入 2-3mL 甲醇再次蒸干，重复 3 次。加入 1.5mL 吡啶和 0.1mL 衍生试剂 BSTFA：TMCA

（99∶1），密封后置于 80℃ 的烘箱中恒温 1h，冷却后过 0.22μm 的有机滤膜于气相小瓶中，送样检测。

上样条件：HP-5 MS 60m 色谱柱，进样量 0.1μL，分流比 100∶1，延迟时间 7min，进样口 280，传输线 280。升温程序：起始温度 60℃，保持 2min，以 5℃/min 的速度升温至 280℃，保持 20min。MS 分析条件：溶剂延迟 7min，扫描范围 35~455aum，进样口 280℃，传输线温度 280℃，EI 能量 70eV，离子源温度 230℃，四级杆温度 160℃。

采用面积归一化法对不同碳源发酵杨树桑黄产 EPS 精制组分进行分析，分析结果如表 3.4 所示。以葡萄糖为碳源发酵杨树桑黄产 EPS Fr-Ⅰ含有的单糖组分和含量：鼠李糖 0.71%、核糖 0.57%、木糖 1.73%、葡萄糖醛酸 12.66%、半乳糖 14.32%、葡萄糖 17.2%、甘露糖 35.48% 和半乳糖醛酸 17.34%，其 Fr-Ⅱ 不含鼠李糖和核糖，所含单糖组分和含量为木糖 1.52%、葡萄糖醛酸 19.53%、半乳糖 3.03%、葡萄糖 24.28%、甘露糖 30.68% 和半乳糖醛酸 30.68%；以蔗糖为碳源发酵杨树桑黄产 EPS Fr-Ⅰ 和 Fr-Ⅱ 均不含鼠李糖，其 Fr-Ⅰ 和 Fr-Ⅱ 所含单糖组分和含量：核糖 1.45% 和 1.92%、木糖 2.52% 和 3.86%、葡萄糖醛酸 40.31% 和 20.89%、半乳糖 1.68% 和 7.09%、葡萄糖 1.90% 和 14.79%、甘露糖 50.24% 和 36.15% 和半乳糖醛酸 1.89% 和 15.32%；以果糖为碳源发酵杨树桑黄产 EPS Fr-Ⅰ 不含鼠李糖，其 Fr-Ⅰ 和 Fr-Ⅱ 所含单糖组分和含量：鼠李糖 0% 和 1.42%、核糖 0.99% 和 1.22%、木糖 2.53% 和 2.05%、葡萄糖醛酸 43.15% 和 35.87%、半乳糖 1.94% 和 2.77%、葡萄糖 2.68% 和 7.77%、甘露糖 46.07% 和 42.27% 和半乳糖醛酸 2.63% 和 6.63%；以麦芽糖为碳源发酵杨树桑黄产 EPS Fr-Ⅰ 不含鼠李糖和核糖，其 Fr-Ⅰ 和 Fr-Ⅱ 所含单糖组分和含量：鼠李糖 0% 和 3.00%、核糖 0% 和 2.03%、木糖 1.63% 和 5.21%、葡萄糖醛酸 32.37% 和 20.92%、半乳糖 3.87% 和 9.25%、葡萄糖 7.05% 和 14.99%、甘露糖 48.22% 和 29.4% 和半乳糖醛酸 6.86% 和 15.20%；以乳糖为碳源发酵杨树桑黄产 EPS 所含单糖组分和含量：鼠李糖 2.68%、核糖 1.55%、木糖 2.04%、葡萄糖醛酸 26.60%、半乳糖 5.11%、葡萄糖 11.59%、甘露糖 39.88% 和半乳糖醛酸 10.54%。五种碳源发酵得 EPS 精制组分都含有大量葡萄糖醛酸和半乳糖醛酸，说明发酵所得的 EPS 可能为酸性多糖，与其红外光谱分析结果一致；其单糖组分中含量最多的是甘露糖，其次是葡萄糖，与红外光谱中出现 810cm^{-1} 和 870cm^{-1} 处甘露糖的特征吸收峰一致；其单糖组分中鼠李糖和核糖所占的比例最少。五种碳源发酵杨树桑黄产 EPS 两个组分所含单糖组分的种类和含量有显著的差别，尤其是鼠李糖和核糖的含量。同一碳源发酵多糖两种组分的单糖组分含量均不相同，说明碳源对液体发酵产 EPS 的单糖组分有一定的影响。

表 3.4　　　　不同碳源发酵杨树桑黄产 EPS 精制组分
（Fr-Ⅰ和 Fr-Ⅱ）单糖组分分析

单糖组分/%	碳源								
	葡萄糖		蔗糖		果糖		麦芽糖		乳糖
	Fr-Ⅰ	Fr-Ⅱ	Fr-Ⅰ	Fr-Ⅱ	Fr-Ⅰ	Fr-Ⅱ	Fr-Ⅰ	Fr-Ⅱ	
鼠李糖	0.71	0	0	0	0	1.42	0	3.00	2.68
核糖	0.57	0	1.45	1.92	0.99	1.22	0	2.03	1.55
木糖	1.73	1.52	2.52	3.86	2.53	2.05	1.63	5.21	2.04
葡萄糖醛酸	12.66	19.53	40.31	20.89	43.15	35.87	32.37	20.92	26.60
半乳糖	14.32	3.03	1.68	7.09	1.94	2.77	3.87	9.25	5.11
葡萄糖	17.2	24.28	1.90	14.79	2.68	7.77	7.05	14.99	11.59
甘露糖	35.48	30.68	50.24	36.15	46.07	42.27	48.22	29.4	39.88
半乳糖醛酸	17.34	21.6	1.89	15.32	2.63	6.63	6.86	15.20	10.54

（4）EPS 的分子质量及分子构象　　尺寸排阻色谱（SEC）、多角度激光光散射检测器（MALLS）及示差折光检测器（RI）连用可测定精制 EPS 绝对分子质量的大小及分子构象。

使用 50mmol/L NaNO$_3$ 和 0.02% NaN$_3$ 溶解精制 EPS 样品，配制成 2mg/mL 的样品溶液，用 0.22μm 的水相膜过滤后备用。流速为 0.5mL/min，进样量为 100μL，样品的 dn/dc 值根据相关文献设置为 0.14mL/g。

使用软件 Astra 4.72（美国怀亚特技术公司）计算样品的分子质量大小和均方根的回转半径。均方根的半径是由外推法得到的一阶德拜曲线的斜率决定的。从均方根半径与样品分子质量的双对数曲线中，可以判断多糖分子在水溶液中的构象，具体条件由下列公式给出：

球形：

$$r_i^3 \propto M_i \to \log r_i = k + 1/3 \log M_i \tag{3.2}$$

无规则卷曲：

$$r_i^3 \propto M_i \to \log r_i = k + 1/2\log M_i \tag{3.3}$$

刚性杆状：

$$r_i^3 \propto M_i \to \log r_i = k + \log M_i \tag{3.4}$$

式中，r_i 是样品的均方根半径，M_i 是样品的分子质量，k 均方根半径在 Y 轴的截距，1/3、1/2 和 1 分别代表样品不同构象的临界坡度值。

①精制 EPS 黏度的测定：EPS 的黏度用乌氏黏度计在（25±0.1）℃的水浴中进行测定。选择溶剂流出毛细管时间大于 120s 的黏度计，由此可忽略动能校正。用逐步稀释法按以下的 Huggins 方程和 Kraemer 方程，将浓度外推至零计算 $[\eta]$：

$$\eta_{sp}/c = [\eta] + k'[\eta]^2 c \tag{3.5}$$

$$\ln\eta_r/c = [\eta] - \beta[\eta]^2 c \tag{3.6}$$

其中 k' 和 β 为多糖在某温度下某溶剂中的常数，η_{sp}/c 为比浓黏度，$\ln\eta_r/c$ 为比浓对数黏度。

②精制 EPS 均方根旋转半径（Rg）和流体力学半径（Rh）的测定：分子质量中心到各质点（基团）距离平方的平均值的平方根被定义为均方根旋转半径（Rg），它反映单个高分子分子链在空间的伸展程度。流体力学半径（Rh）反映流体力学作用时大分子在溶液中的尺寸，它是一个与高聚物链有相同平移扩散系数的等效球体的半径。Rg 通过 SEC-MALLS 法测得，而 Rh 通过黏度法获得，根据 Einstein 理论公式推算：

$$R_h = (3M_w[\eta]/10N_A\pi)^{1/3} \tag{3.7}$$

式中　N_A——阿伏伽德罗常数（6.022×10^{23}）；

　　　M_w——重均分子质量；

　　　$[\eta]$——特性黏度。

均方旋转半径和流体力学半径的比值可以用 ρ 表示：

$$\rho = R_g/R_h \tag{3.8}$$

③不同碳源发酵两种真菌产 EPS 的 SEC/MALLS 分析：利用尺寸排阻色谱（SEC）、多角度激光光散射检测器（MALLS）及示差折光检测器（RI）连用技术，可检测不同碳源发酵杨树桑黄产 EPS 精制组分的分子质量及其在水溶液中的分布情况，结果详如表 3.5 所示。

3 碳源对杨树桑黄和马勃状硬皮马勃胞外多糖分子结构及生物活性的影响

表 3.5 不同碳源发酵杨树桑黄产 EPS 精制组分 SEC/MALLS 相关参数表

碳源		参数							
		M_n/ (g/mol)	M_w/ (g/mol)	M_z/ (g/mol)	M_w/M_n	R_n /nm	R_w /nm	R_z /nm	α
葡萄糖	Fr-Ⅰ	9.188×10^4	7.285×10^5	1.282×10^7	7.929	28.4	28.2	51.6	0.11
	Fr-Ⅱ	7.868×10^4	6.255×10^5	6.878×10^6	7.950	34.4	32.8	54.4	0.16
蔗糖	Fr-Ⅰ	3.087×10^6	4.746×10^6	6.748×10^6	1.537	40.5	46.0	53.8	0.10
	Fr-Ⅱ	5.236×10^4	2.469×10^5	4.160×10^6	4.715	31.9	27.8	51.5	0.16
果糖	Fr-Ⅰ	8.012×10^4	7.618×10^5	6.002×10^6	9.509	37.6	35.4	50.3	0.04
	Fr-Ⅱ	6.002×10^4	3.132×10^5	6.128×10^6	5.217	22.1	19.6	41.1	0.21
麦芽糖	Fr-Ⅰ	3.263×10^6	9.874×10^6	4.559×10^7	3.026	52.4	49.4	53.8	0.25
	Fr-Ⅱ	2.096×10^5	1.576×10^6	1.759×10^7	7.519	51.9	49.5	51.7	0.05
乳糖		3.534×10^6	9.875×10^6	2.699×10^7	2.795	43.7	42.1	47.9	0.23

注：M_n、M_w 和 M_z 分别指数均分子质量、重均分子质量和平均分子质量；M_w/M_n 指多分散系数；R_n、R_w 和 R_z 分别指数学均方旋转半径、质量均方旋转半径和均方旋转半径的均值。α 指均方根半径对分子质量的双对数曲线的斜率。

如表 3.5 所示，以葡萄糖为碳源发酵杨树桑黄得精制 EPS 两个组分的重均分子质量分别为 7.285×10^5 和 6.255×10^5，M_w/M_n 即多分散系数分别为 7.929 和 7.950，表明两个组分的分散性均很低，即在水溶液中很容易形成大量的聚集体，溶解度很小。以葡萄糖为碳源发酵杨树桑黄产 EPS 精制 Fr-Ⅰ 和 Fr-Ⅱ 的均方根半径分别为 28.4nm 和 34.4nm。Fr-Ⅰ 和 Fr-Ⅱ 的均方根半径对分子质量的双对数曲线的斜率分别为 0.11 和 0.16（图 3.14），说明其在水溶液中以标准的球形构象存在，是一种高度紧密而且具有分支结构的多糖聚合体。通过 SEC/MALLS 测得不同碳源发酵杨树桑黄产 EPS 各精制组分的分子质量均大于第三章中凝胶过滤法测得的分子质量，这可能是因为精制多糖经过透析后发生了聚集，溶解度降低所致。以蔗糖、果糖、麦芽糖和乳糖为碳源发酵得 EPS 的多分散性也很低，溶解度很小，其均方根半径对分子质量的双对数曲线的斜率均小于 0.3，可知其在水溶液中均以标准的球形构象存在，是一种高度紧密而且具有分支结构的多糖聚合体。出现这种现象的原因，可能是在进行透析时多糖分子发生聚集所致。不同碳源发酵杨树桑黄产 EPS 精制组分 Fr-Ⅰ（左）和 Fr-Ⅱ（右）的均方根半径对分子质量的双对数曲线如图 3.14 至图 3.18 所示：

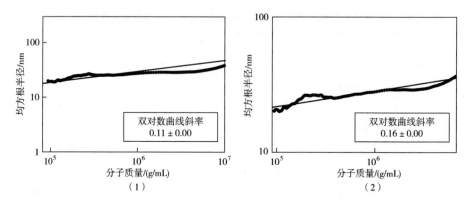

图 3.14　以葡萄糖为碳源发酵杨树桑黄产 EPS Fr-Ⅰ
和 Fr-Ⅱ的均方根半径对分子质量的双对数曲线

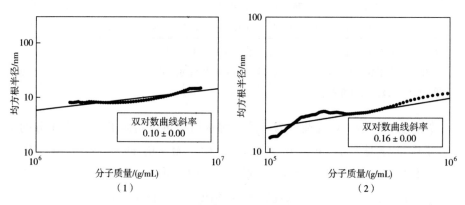

图 3.15　以蔗糖为碳源发酵杨树桑黄产 EPS Fr-Ⅰ
和 Fr-Ⅱ的均方根半径对分子质量的双对数曲线

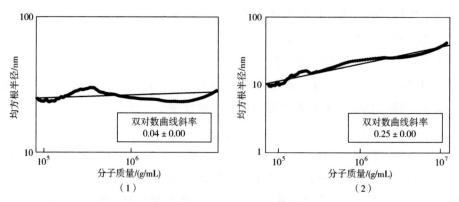

图 3.16　以果糖为碳源发酵杨树桑黄产 EPS Fr-Ⅰ
和 Fr-Ⅱ的均方根半径对分子质量的双对数曲线

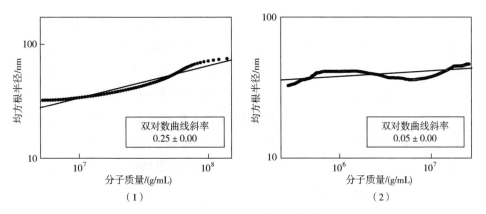

图3.17 以麦芽糖为碳源发酵杨树桑黄产 EPS Fr-Ⅰ
和 Fr-Ⅱ的均方根半径对分子质量的双对数曲线

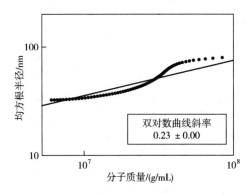

图3.18 以乳糖为碳源发酵杨树桑黄产 EPS 的
均方根半径对分子质量的双对数曲线

不同碳源发酵杨树桑黄产 EPS 分子构象的参数如表 3.6 所示，其中 M_w 和 R_g 值通过 SEC-MALLS 法测得，而 R_h 通过黏度法获得，根据 Einstein 理论公式推算得。黏度由乌氏黏度计测定，它反映了在稀溶液中多糖所占的水力体积。通常认为，黏度越小，多糖往往具有比较致密的构象。如表 3.10 所示，不同碳源发酵杨树桑黄产 EPS 的黏度有一定差异，其中以乳糖为碳源时发酵所得 EPS 黏度最小，其分子构象最为紧密。而且分子质量相对较大的 EPS 精制组分测得的黏度值相对较小，这可能是因为 EPS 发生了聚集，在水溶液中的溶解度不高，其构象呈高支化的多糖聚合体，该结果与 SEC-MALLS 中均方根半径对分子质量的双对数曲线斜率的分析结果一致。

k' 值在 0.3~0.5 之间时，表明该溶液对聚合物是良溶剂。如表 3.6 所示，不同碳源发酵杨树桑黄产 EPS 各精制组分的 k' 均大于 0.5，说明其在水溶液中的溶解性不高。R_g 和 R_h 的比值为 ρ，ρ 值可以用来描述多糖分子在水溶液中的链构象，ρ~0.8 时，为均一紧密的球形构象；ρ~1.0 时，为一个松散连接的超支化链或聚合物；ρ~1.5 时，为无规则卷曲的链团；ρ~1.5 时，为扩展的刚性链。分析结果可知，以乳糖为碳源发酵杨树桑黄产 EPS 的 ρ 值接近 0.8，说明其可能为均一紧密的球形构象；以葡萄糖、蔗糖、果糖和麦芽糖发酵得 EPS 各精制组分的 ρ 值均接近于 1，说明 EPS 各精制组分在水溶液中可能为高度分支的多糖聚集体。

表 3.6　　　　不同碳源发酵杨树桑黄产 EPS 的分子构象参数

样品		$M_w \times 10^5$ /(g/mol)	R_g/nm	$[\eta]$ /(mL/g)	k'	R_h/nm	ρ
葡萄糖	Fr-Ⅰ	7.285	28.2	246	0.56	30.5	0.92
	Fr-Ⅱ	6.255	32.8	396	0.52	34.0	0.96
蔗糖	Fr-Ⅰ	47.46	46.0	169	0.59	50.3	0.91
	Fr-Ⅱ	2.469	27.8	603	0.58	28.7	0.97
果糖	Fr-Ⅰ	7.618	35.4	425	0.59	37.2	0.95
	Fr-Ⅱ	3.132	19.6	204	0.53	21.6	0.91
麦芽糖	Fr-Ⅰ	98.74	49.4	109	0.60	55.5	0.89
	Fr-Ⅱ	15.76	49.5	531	0.57	51.0	0.97
乳糖		98.75	42.1	86.4	0.56	51.3	0.82

（5）小结　红外分析结果可知以葡萄糖为碳源发酵杨树桑黄产 EPS Fr-Ⅰ为 β-吡喃型的酸性杂多糖，以果糖和麦芽糖为碳源发酵获得的 EPS Fr-Ⅰ为 α-甘露吡喃型的酸性杂多糖，以蔗糖为碳源发酵获得的 EPS Fr-Ⅰ为 α-、β-两种构型共存的甘露吡喃型酸性杂多糖；以麦芽糖为碳源发酵获得的 EPS Fr-Ⅱ为 β-甘露吡喃型的酸性杂多糖，以葡萄糖、蔗糖和果糖为碳源发酵获得的 EPS Fr-Ⅱ为 α-甘露吡喃型的酸性杂多糖，以乳糖为碳源发酵获得的 EPS 为酸性甘露聚糖。五种碳源发酵得 EPS 精制组分都含有大量葡萄糖醛酸和半乳糖醛酸，说明发酵所得的 EPS 可能为酸性多糖；其单糖组分中含量最多的是甘露糖，其次是葡萄糖，鼠李糖和核糖所占的比例最少。通过 SEC/MALLS 测得不同碳源发酵杨树桑黄产 EPS 各精制组分的分子质量均大于第三章中凝胶

3 碳源对杨树桑黄和马勃状硬皮马勃胞外多糖分子结构及生物活性的影响

过滤法测得的分子质量,其 EPS 的多分散性也很低,溶解度很小,而且均方根半径对分子质量的双对数曲线的斜率均小于 0.3,可知其在水溶液中均以标准的球形构象存在,是一种高度紧密而且具有分支结构的多糖聚合体。通过黏度的测定分析 k' 和 ρ 值,可知其 EPS 精制组分在水溶液中的溶解性较低,为高度紧密且具有分支结构的多糖聚合体的构象。

3.1.3 胞外多糖的抗氧化活性研究

真菌多糖具有多种生理活性,如调节机体免疫力、降低血糖血脂、抗辐射、抗衰老、保肝护肝、抗氧化、抗肿瘤等作用,其中抗氧化是最重要的生物活性,是目前国内外研究的热点。传统的抗氧化剂如 BHA、BHT 等,因其潜在的不安全性,已经被一些国家限制使用。真菌多糖因其来源广泛,生产周期短,安全无毒副作用,提取率高,抗氧化活性强等优势,已经越来越受重视。本课题采用体外实验的方法来研究不同碳源发酵两种真菌产 EPS 的抗氧化活性,进行体外抗氧化性评价的是羟基自由基和 DPPH 自由基。

自由基是生物体内具有一定生理功能,如免疫和传导信号过程,含有一个未配对电子的原子或分子,化学性质活泼。而过多的自由基可导致人体正常组织细胞的受损,进而引起辐射损伤、肿瘤、衰老、老年痴呆等各种急性和慢性疾病。

羟基自由基是生物体内最活泼的自由基,它能与大部分的生物大分子反应,从而造成糖类、核酸、脂类、氨基酸等物质的损伤。因此研究真菌 EPS 对羟基自由基的清除率具有十分重要的意义。本工作采用邻二氮菲—Fe^{2+}氧化法对羟基自由基清除率进行测定,其反应式为 $Fe^{2+}+H_2O_2 \rightarrow Fe^{3+}+OH^-+ \cdot OH$。原理为邻二氮菲—$Fe^{2+}$是常用的氧化—还原指示剂,其颜色变化可敏锐地反映溶液氧化还原状态改变;邻二氮菲—Fe^{2+}水溶液可被自由基氧化为邻二氮菲—Fe^{3+},从而使邻二氮菲—Fe^{2+}在 510nm 处的最大吸收峰消失或降低。

1,1-二苯基苦基苯肼(DPPH)是一种以氮为中心,合成的稳定自由基,已广泛应用于各种化合物抗氧化活性的评价。当有自由基清除剂存在时,DPPH 自由基接受一个电子或氢原子,形成稳定的化合物,使其醇溶液由紫色消退为黄色,褪色程度与抗氧化活性成定量关系,因此可用分光光度计法快速定量分析各种物质的抗氧化活性。

(1)邻二氮菲法测定 EPS 对·OH 的清除能力 首先配制浓度梯度分别为 2mg/mL、4mg/mL、6mg/mL、8mg/mL、10mg/mL 的粗 EPS 溶液 10mL。然

后取 7 支洁净的 10mL 试管，其中 5 支为实验组，1 支作为对照组，1 支为调零组。向实验组中分别加入 1mL pH 为 7.4 的磷酸缓冲液（0.02mmol/L，PBS），1mL 7.5mmol/L 的邻二氮菲溶液，1mL 3.25mM $FeSO_4$ 溶液，1mL 1.5% H_2O_2，以及不同浓度梯度的粗 EPS 溶液 2mL。其中调零组以蒸馏水代替 2mL 的粗 EPS 溶液，对照组以蒸馏水代替 2mL 的粗 EPS 溶液和 1mL 1.5% H_2O_2。涡旋震荡混匀后，置于 37℃ 恒温水浴锅中 1h。调零组调零后，用紫外分光光度计于 510nm 处测定实验组和对照组的吸光度值。每组做 3 次平行，取其平均值。粗 EPS 对·OH 清除率的计算公式如下：

$$\cdot OH 清除率 = A_i/A_j \times 100\% \qquad (3.9)$$

式中　A_i——实验组的吸光度值；

　　　A_j——对照组的吸光度值。

不同碳源发酵杨黄桑黄产 EPS 对·OH 的清除率结果如图 3.19 所示，可以明显看出碳源对其抗氧化活性有显著影响。不同碳源发酵得粗 EPS 对·OH 自由基的清除能力大小为蔗糖>果糖>乳糖>葡萄糖>麦芽糖，以蔗糖为碳源发酵得粗 EPS 浓度为 10mg/mL 时，其对·OH 自由基的清除能力已经达到 38.58%，果糖、乳糖、葡萄糖、麦芽糖为碳源发酵得粗 EPS 浓度为 10mg/mL 时，对·OH 自由基的清除能力分别为 34.50%、30.18%、26.60%、20.68%。通过前面分析可知，以乳糖和麦芽糖为碳源发酵得 EPS 的分子质量较大，而它们对·OH 自由基的清除能力在浓度低于 8mg/mL 时表现为最低，说明分子质量大小与 EPS 的抗氧化能力之间可能存在一定关系，这与张佳佳等人的研

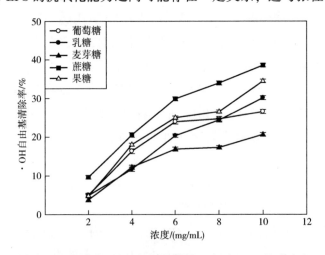

图 3.19　不同碳源发酵杨树桑黄产 EPS 对·OH 的清除率

究结果一致。其原因可能是多糖分子质量较大时,不利于跨越多重细胞膜阻碍进入生物体内发挥生物学活性,而分子质量小的多糖因其良好的溶解性,更容易结合活性位点发挥其生物活性,但分子质量过小的多糖因无法形成聚合结构而无法产生生物活性。因此,分子质量适中的多糖活性最高。以乳糖为碳源发酵得 EPS 为甘露聚糖型,在浓度为 10mg/mL 时,其对·OH 自由基的清除能力明显高于以葡萄糖和麦芽糖为碳源发酵得的 EPS,说明甘露聚糖可能对抗氧化活性有一定影响。不同碳源发酵得 EPS 所含甘露糖基含量的大小:蔗糖>果糖>乳糖>麦芽糖>葡萄糖,该结果与对·OH 自由基的清除能力大小基本一致,说明甘露糖基也可能与 EPS 抗氧化活性有密切联系。

(2) EPS 对·DPPH 清除能力的测定　首先配制浓度梯度分别为 1mg/mL、2mg/mL、3mg/mL、4mg/mL、5mg/mL 的粗 EPS 溶液 20mL。取 11 支洁净试管,其中 5 支为实验组,5 支为对照组,1 支为空白组。向实验组分别加入 2mL 粗 EPS 溶液、2mL 0.1g/L 的 DPPH 50%乙醇溶液,涡旋震荡混匀后,于 25℃水浴中放 1h,以 50%乙醇溶液为空白于 517nm 处测定其吸光度 A_i。

向空白组分别加入 2mL 0.1g/L 的 DPPH 50%乙醇溶液、2mL 蒸馏水,混匀后于 25℃水浴中放置 1h,以 50%乙醇溶液为空白于 517nm 处测定其吸光度 A_0。

向对照组分别加入 2mL 粗 EPS 溶液、2mL 50%乙醇,混匀后于 25℃水浴中放置 1h,以 50%乙醇溶液为空白于 517nm 处测定其吸光度 A_j。对照组是为了去除 EPS 溶液自身颜色对测定的干扰。粗 EPS 对·DPPH 清除率的计算公式如下:

$$\cdot \text{DPPH 清除率} = [1-(A_i-A_j)/A_0] \times 100\% \quad (3.10)$$

式中　A_i——实验组的吸光度值;

　　　A_j——对照组的吸光度值;

　　　A_0——空白组的吸光度值。

不同碳源发酵杨树桑黄产 EPS 对·DPPH 自由基清除率的结果如图 3.20 所示,其对·DPPH 自由基的清除能力大于其对·OH 自由基的清除能力,清除能力大小为蔗糖>果糖>乳糖>麦芽糖>葡萄糖,该顺序与对·OH 自由基清除率的大小基本一致。其中以蔗糖为碳源发酵得 EPS 浓度为 5mg/mL 时,其对·DPPH 自由基的清除能力已经高达 59.17%,以果糖、乳糖、麦芽糖、葡萄糖为碳源发酵得 EPS 浓度为 5mg/mL 时，对·DPPH 的清除能力分别为 44.38%、34.32%、33.43%、22.78%。在粗 EPS 浓度高于 4mg/mL 时，以蔗糖为碳源发酵得 EPS 对·DPPH 的清除率显著增加，这可能跟以蔗糖为碳源发酵得 EPS 的甘露糖基含量最高有关。以蔗糖为碳源发酵得 EPS 为 α-、β-两种构型共存的甘露吡喃型杂多糖，以果糖为碳源发酵得 EPS 为 α-构型的甘露吡喃型杂多糖，因此在粗 EPS 浓度高于 4mg/mL 时，前者对 DPPH 自由基的清除能力显著大于后者，可能是因为含有 β-构型的多糖抗氧化能力更强，研究发现 α-构型的多糖一般没有活性，而具有抗氧化活性的多糖大多数都具有 β-(1→3)-D-葡聚糖的主链结构，食药用菌中的活性多糖，如香菇多糖、猪苓多糖等，其活性成分是具有分支的 β-(1→3)-D-葡聚糖。

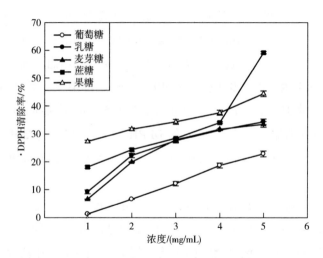

图 3.20　不同碳源发酵杨树桑黄产 EPS 对·DPPH 的清除率

3.2　马勃状硬皮马勃胞外多糖

3.2.1　液体深层发酵条件的优化及形态学研究

（1）菌种及培养基　马勃状硬皮马勃：菌种由西南科技大学贺新生教授提供，由野生子实体经组织分离获得。PDA 培养基：200g 去皮土豆，20g 葡萄糖，20g 琼脂，加蒸馏水至 1000mL，pH 自然；不加琼脂为 PDA 培养液。

基础培养基：30g/L 葡萄糖，3g/L 蛋白胨，装液量为 50mL/250mL 锥形瓶，pH 自然。

(2) 实验方法　菌种发酵条件的优化过程及形态学研究方法同 3.1.1。

(3) 最适生长周期的确定　在 12d 培养时间内,每 2 天测量一次马勃状硬皮马勃的菌丝体和 EPS 产量,用 Sigmaplot 软件作图,结果如图 3.21 所示。随着培养时间的延长,马勃状硬皮马勃的菌丝体和 EPS 产量均有所增加,但第 10 天以后菌丝体产量仍在增加,而 EPS 产量却明显下降,这可能是由于菌丝体达到生长高峰期后,碳源不足,马勃状硬皮马勃自身产的多糖作为养分供应菌丝增长而被消耗。此外,马勃状硬皮马勃在液体培养时,随着菌丝体大量生长,培养液呈黏稠状,到第 12 天已经呈糊状,不利于菌丝体和胞外多糖的分离。因此确定马勃状硬皮马勃的生长周期为 10d,此时胞外多糖的产量最高。

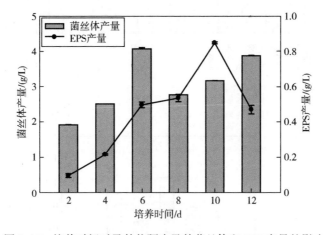

图 3.21　培养时间对马勃状硬皮马勃菌丝体和 EPS 产量的影响

(4) 单因素实验结果　碳源、氮源和无机盐对马勃状硬皮马勃的菌丝体和 EPS 产量的影响如图 3.22 所示。分析图 3.22 (1) 可知,马勃状硬皮马勃对葡萄糖、果糖、麦芽糖、乳糖、蔗糖均能良好通化利用,以蔗糖为碳源时菌丝体产量最高;但果糖为碳源得到的 EPS 产量略高于蔗糖。本实验以 EPS 产量为最终观测目标,综合考虑确定最佳碳源为果糖。由于果糖的市场价格比蔗糖高,企业大规模生产时考虑到成本因素可以选择蔗糖。如图 3.22 (2) 所示,以大豆粉为氮源时,马勃状硬皮马勃的菌丝体和 EPS 产量均最高,其次是酵母粉;相对于几种有机氮源,测试的无机氮源不利于菌丝生长和 EPS 产生。综合考虑,确定最佳氮源为大豆粉。如图 3.22

(3) 所示，添加无机盐可以提高 EPS 产量，但添加氯化钠和硫酸亚铁降低了菌丝体产量。添加 KH_2PO_4 时真菌的菌丝生物量和 EPS 产量均有显著增加，而添加 $MgSO_4$ 时 EPS 产量增加最大，故选择 KH_2PO_4 和 $MgSO_4$ 进一步优化培养基组成。

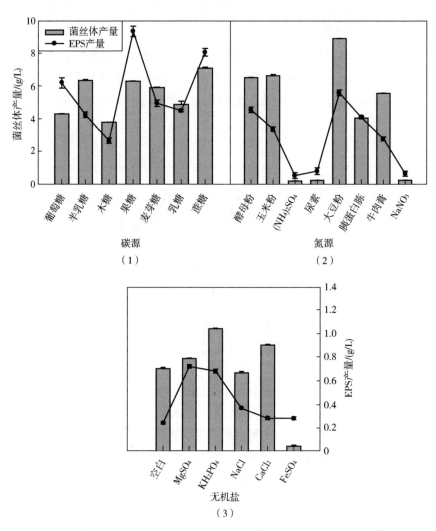

图 3.22 碳源、氮源和无机盐对马勃状
硬皮马勃菌丝体和 EPS 产量的影响

选取 5 个温度梯度 22℃、24℃、26℃、28℃和 30℃进行发酵培养，测定菌丝体和 EPS 产量，结果如图 3.23（1）所示。可以看出，24℃培养时马勃

状硬皮马勃的菌丝体产量最高,而 EPS 产量在 26℃最大,随着温度的升高 EPS 产量降低。综合考虑菌丝体和 EPS 产量,确定 26℃为最适宜培养温度。培养基中 pH 的变化对营养物质的吸收与利用、细胞的生长、EPS 产量都有着很大的影响。pH 对测试真菌菌丝体生长和 EPS 产量的影响如图 3.23(2)所示。可以看出,马勃状硬皮马勃菌丝体生长的最适 pH 为 6.0,产胞外多糖的最适 pH 为 8.0。

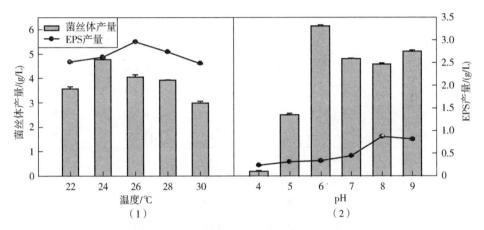

图 3.23 培养温度和 pH 对马勃状硬皮马勃菌丝体和 EPS 产量的影响

(5)正交实验 在单因素试验的基础上,选用适宜碳源(果糖)、氮源(大豆粉)和无机盐($KH_2PO_4+MgSO_4$)三个因素,采用 L9(3^4)正交设计优化了试验真菌产 EPS 的摇瓶培养条件。优化马勃状硬皮马勃培养基的因素和水平见表 3.7,正交试验结果如表 3.8 所示。

表 3.7　　　　　优化马勃状硬皮马勃培养基的因素和水平

水平	因素		
	A(果糖)/(g/L)	B(大豆粉)/(g/L)	C(KH_2PO_4、$MgSO_4$)/(mmol/L)
1	20	3	2、2
2	30	5	2.5、2.5
3	40	7	3、3

表 3.8　　　　　　　　　　马勃状硬皮马勃正交试验结果

试验号	因素			试验结果	
	A	B	C	菌丝体产量/(g/L)	EPS产量/(g/L)
1	1	1	1	10.542	1.290
2	1	2	2	12.906	2.627
3	1	3	3	14.544	1.745
4	2	1	2	17.696	1.463
5	2	2	3	15.114	1.622
6	2	3	1	16.694	1.376
7	3	1	3	20.494	1.439
8	3	2	1	16.760	1.515
9	3	3	2	17.874	1.297
菌丝体产量	K_1	37.992	48.732	43.996	—	—
	K_2	49.504	44.780	48.476	—	—
	K_3	55.128	49.112	50.152	—	—
		12.664	16.244	14.665	—	—
		16.501	14.927	16.159	—	—
		18.376	16.371	16.717	—	—
	R	5.712	1.444	2.052	—	—
EPS产量	K_1	5.707	4.192	4.182	—	—
	K_2	4.461	5.810	5.432	—	—
	K_3	4.252	4.418	4.806	—	—
		1.902	1.397	1.394	—	—
		1.487	1.937	1.811	—	—
		1.417	1.473	1.602	—	—
	R	0.485	0.539	0.417	—	—

如表 3.7 所示，以 EPS 产量为指标，影响因素的主次顺序为氮源>碳源>无机盐，最优组合均为 $B_2A_1C_2$，即马勃状硬皮马勃的最佳培养基组合为 20g/L 果糖，5g/L 大豆粉，2.5mM/L KH_2PO_4，2.5mM/L $MgSO_4$，获得的最大 EPS 产量为 2.627g/L。

3 碳源对杨树桑黄和马勃状硬皮马勃胞外多糖分子结构及生物活性的影响

(6) 马勃状硬皮马勃形态和黏度研究结果 马勃状硬皮马勃液体培养菌丝体的形态如图3.24所示（由于优化培养基中菌丝体生长快速，发酵后期菌丝体黏稠致密，仅拍摄了第2天的菌丝体形态）。可以看出马勃状硬皮马勃的菌丝体分枝状生长，表面光滑，且少见空泡，锁状联合较少。

培养时间对发酵液黏度和pH的影响见图3.25。可以看出，随着培养时间的延长，发酵液的黏度显著增加

图3.24 马勃状硬皮马勃菌丝体的形态（放大倍数100）

[图3.25 (1)]，表明胞外多糖溶液是典型的非牛顿流体。与多数大型真菌人工培养相似，随着培养时间的延长，马勃状硬皮马勃发酵液的pH明显降低[图3.25 (2)]。丝状真菌发酵形态会直接影响发酵液的流变性能，特别是在高黏度发酵的时候。最开始的发酵液一般为牛顿流体，随着菌丝体的增长，菌丝体间发生相互缠绕与粘连，菌丝体生物量的细微变化即可引起发酵液黏性的迅速增加，发酵液在后期表现为非牛顿流体。马勃状硬皮马勃在优化的培养条件下快速生长，EPS产量增加，且可产生大量无性孢子，可能是造成其液体培养呈片层状而不是菌球状群体形态的原因，也造成培养液的黏度随着培养时间的延长而明显增加。较高的黏度显示马勃状硬皮马勃的胞外多糖

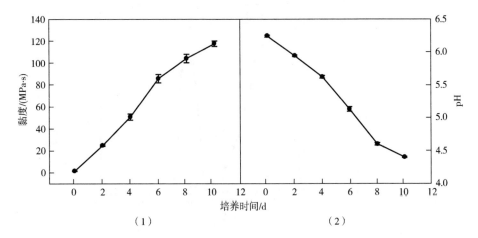

图3.25 培养时间对马勃状硬皮马勃液体培养黏度 (1) 和pH (2) 的影响

有良好的流变学特性,具备作为食品添加剂的开发应用潜力。

(7)小结　马勃状硬皮马勃产 EPS 的最优环境条件为温度 26℃、pH8、摇床转速 160r/min,最适生长周期为 10d,最佳碳源、氮源和无机盐分别是果糖、大豆粉、KH_2PO_4 和 $MgSO_4$。正交试验优化的产 EPS 的最佳培养基组合为:20.0g/L 果糖、5.0g/L 大豆粉、2.5mmol/L KH_2PO_4、2.5mmol/L $MgSO_4$。在优化培养基下,马勃状硬皮马勃 EPS 产量为 2.627g/L。

在摇床优化培养基中,马勃状硬皮马勃的菌丝体呈分枝状生长,群体呈片层状而不是多数丝状真菌的菌球状;发酵液黏度与培养时间正相关,较高的黏度表现出良好的流变学性质,使其 EPS 具有作为食品添加剂开发利用的潜力;与多数大型真菌类似,其发酵液 pH 与培养时间呈负相关。

3.2.2　胞外多糖的分离纯化及分子结构的测定

(1)多糖的提取及精制　提取及精制方法同 3.1.2。五种碳源发酵马勃状硬皮马勃产 EPS 的纯化结果如下图 3.26 至图 3.30 所示,通过分析可知,以葡萄糖、蔗糖、果糖、麦芽糖和乳糖为碳源制得的粗多糖纯化时均有两个峰,即两个组分。以葡萄糖、蔗糖、麦芽糖、乳糖为碳源发酵得 EPS 的蛋白吸收峰出在多糖吸收峰的第二个峰处,说明精制多糖的第二个组分可能含有部分糖蛋白;而以果糖为碳源时,蛋白吸收峰在两个多糖吸收峰中都有,说明其精制多糖的两个组分可能均含有糖蛋白。与不同碳源发酵杨树桑黄产 EPS 纯化结果相同的是,以麦芽糖为碳源时,发酵马勃状硬皮马勃得 EPS 纯

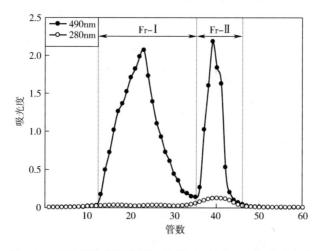

图 3.26　葡萄糖为碳源发酵马勃状硬皮马勃产 EPS 纯化结果

3 碳源对杨树桑黄和马勃状硬皮马勃胞外多糖分子结构及生物活性的影响

化出来的第一个组分的吸收峰较其他碳源发酵得 EPS 纯化的第一个组分的吸收峰相比明显小很多,说明其第一个组分的多糖含量比较少。不同碳源发酵马勃状硬皮马勃制得的粗多糖精制组分的收集管数大致相同,以葡萄糖、蔗糖、果糖、麦芽糖和乳糖分别为碳源时,精制多糖组分的收集管数分别为 Fr-Ⅰ 13~35 管,Fr-Ⅱ 36~45 管;Fr-Ⅰ 14~35 管,Fr-Ⅱ 36~45 管;Fr-Ⅰ 13~35 管,Fr-Ⅱ 36~45 管;Fr-Ⅰ 13~31 管,Fr-Ⅱ 32~50 管;Fr-Ⅰ 13~31 管,Fr-Ⅱ 32~50 管。其中以麦芽糖和乳糖为碳源时,发酵得 EPS 的第一个组分吸收峰比较靠前,说明其分子质量较大,较先被洗脱出来。

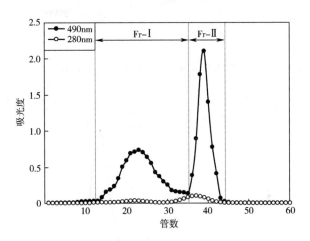

图 3.27 蔗糖为碳源发酵马勃状硬皮马勃产 EPS 纯化结果

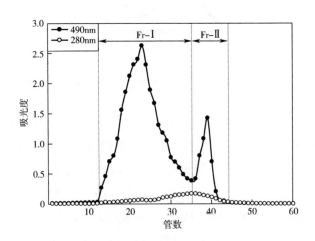

图 3.28 果糖为碳源发酵马勃状硬皮马勃产 EPS 纯化结果

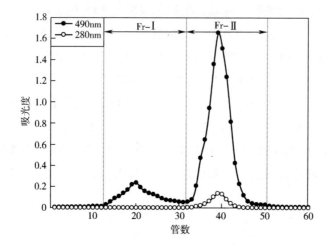

图 3.29 麦芽糖为碳源发酵马勃状硬皮马勃产 EPS 纯化结果

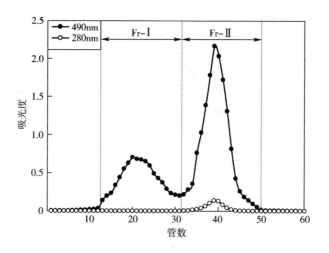

图 3.30 乳糖为碳源发酵马勃状硬皮马勃产 EPS 纯化结果

(2) EPS 的红外光谱测定　不同碳源发酵马勃状硬皮马勃产 EPS Fr-Ⅰ的红外光谱图如图 3.31 所示,通过红外分析我们可以得知,其结构存在相似性,EPS 的分子氢键均以分子间氢键为主,均有磺酰基—O—SO_2—R、酰胺基和 C—O—C 环内醚结构。但分子结构也有一定的差异性,其中以麦芽糖为碳源发酵马勃状硬皮马勃产 EPS Fr-Ⅰ无吡喃环末端次甲基的横摇振动,而其他四种碳源均有。其分子连接方式以及分子构型存在一定相似性,均为 α-吡喃型酸性杂多糖,并含有甘露糖的特征吸收峰。综合分析可知,不同碳源对

3 碳源对杨树桑黄和马勃状硬皮马勃胞外多糖分子结构及生物活性的影响

马勃状硬皮马勃产 EPS Fr-Ⅰ 的分子结构有一定影响。

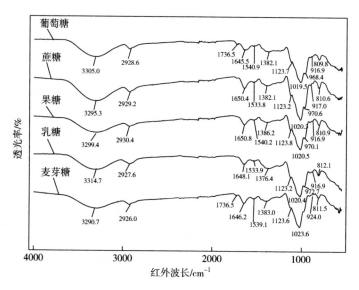

图 3.31　不同碳源发酵马勃状硬皮马勃产 EPS Fr-Ⅰ 的红外光谱图

不同碳源发酵马勃状硬皮马勃产 EPS Fr-Ⅱ 的红外光谱图如图 3.32 所示，其结构存在相似性，胞外多糖的分子氢键均以分子间氢键为主，均有磺酰基 -O-SO_2-R、酰胺基以及 —COOH 官能团。但不同碳源对其分子连接方式以及分子构型存在显著影响，其中以葡萄糖、果糖、乳糖和麦芽糖为碳源发酵马勃状硬皮马勃产 EPS Fr-Ⅱ 为 α-甘露吡喃型酸性杂多糖，而以蔗糖为碳源发酵马勃状硬皮马勃产 EPS Fr-Ⅱ 为 β-甘露吡喃型酸性杂多糖。经分析可知，不同碳源对马勃状硬皮马勃产 EPS Fr-Ⅱ 的分子结构有一定影响。

（3）不同碳源发酵杨树桑黄和硬皮马勃产 EPS 的 GC/MS 分析　采用面积归一化法对不同碳源发酵马勃状硬皮马勃产 EPS 精制组分进行分析，分析结果如表 3.9 所示，其单糖组分主要包括阿拉伯糖、鼠李糖、核糖、木糖、葡萄糖醛酸、半乳糖、葡萄糖、甘露糖和半乳糖醛酸。以葡萄糖和乳糖为碳源发酵马勃状硬皮马勃产 EPS Fr-Ⅰ 和 Fr-Ⅱ 均不含阿拉伯糖和鼠李糖，其 Fr-Ⅰ 和 Fr-Ⅱ 所含单糖组分和含量：核糖 10.40% 和 5.71%，3.23% 和 4.36%、木糖 5.66% 和 2.21%，3.67% 和 6.56%、葡萄糖醛酸 40.13% 和 5.79%，49.68% 和 34.33%、半乳糖 6.81% 和 10.15%，0.57% 和 2.76%、葡萄糖 4.60% 和 1.88%，3.24% 和 11.90%、甘露糖 30.09% 和 43.21%，

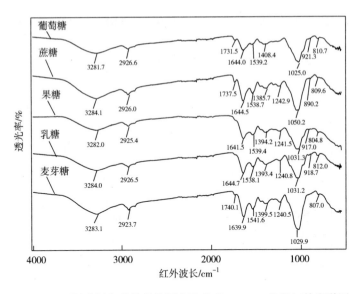

图 3.32 不同碳源发酵马勃状硬皮马勃产 EPS Fr-Ⅱ 的红外光谱图

38.92%和35.55%,半乳糖醛酸2.31%和11.05%,0.69%和4.54%;以蔗糖和果糖为碳源发酵马勃状硬皮马勃产 EPS Fr-Ⅰ和Fr-Ⅱ均不含阿拉伯糖,其Fr-Ⅰ和Fr-Ⅱ所含单糖组分和含量:鼠李糖0.33%和3.65%,0.86%和1.99%、核糖4.01%和6.94%,5.35%和8.36%、木糖5.84%和5.54%,9.81%和3.77%、葡萄糖醛酸47.46%和22.94%,47.35%和35.05%、半乳糖4.72%和9.33%,2.21%和2.82%、葡萄糖4.53%和15.86%,4.21%和7.50%、甘露糖31.96%和22.15%,29.70%和33.79%、半乳糖醛酸1.15%和13.59%,0.51%和6.72%;以麦芽糖为碳源发酵杨树桑黄产 EPS Fr-Ⅰ和Fr-Ⅱ均不含鼠李糖,其 Fr-Ⅰ和 Fr-Ⅱ所含单糖组分和含量:阿拉伯糖1.15%和2.14%、核糖3.39%和4.36%、木糖4.49%和9.18%、葡萄糖醛酸36.75%和25.48%、半乳糖1.84%和2.86%、葡萄糖10.75%和15.47%、甘露糖33.34%和25.47%、半乳糖醛酸7.89%和15.04%。五种碳源发酵得 EPS 各精制组分均含有葡萄糖醛酸和半乳糖醛酸,说明发酵所得的 EPS 可能为酸性多糖,与其红外光谱分析结果一致;其单糖组分中含量最多的是甘露糖,与红外光谱中出现810cm^{-1}处甘露糖的特征吸收峰一致。五种碳源发酵马勃状硬皮马勃产 EPS 所含单糖组分的种类和含量有显著的差别,尤其是鼠李糖和阿拉伯糖的含量。同一碳源发酵得 EPS 两种组分的单糖组分含量均不相同,说明碳源对液体发酵产 EPS 的单糖组分有一定影响。

表 3.9　不同碳源发酵马勃状硬皮马勃产 EPS 精制组分的单糖组分分析

单糖组分/%	碳源									
	葡萄糖		蔗糖		果糖		麦芽糖		乳糖	
	Fr-Ⅰ	Fr-Ⅱ	Fr-Ⅰ	Fr-Ⅱ	Fr-Ⅰ	Fr-Ⅱ	Fr-Ⅰ	Fr-Ⅱ	Fr-Ⅰ	Fr-Ⅱ
阿拉伯糖	0	0	0	0	0	0	1.15	2.14	0	0
鼠李糖	0	0	0.33	3.65	0.86	1.99	0	0	0	0
核糖	10.40	5.71	4.01	6.94	5.35	8.36	3.39	4.36	3.23	4.36
木糖	5.66	2.21	5.84	5.54	9.81	3.77	4.49	9.18	3.67	6.56
葡萄糖醛酸	40.13	25.79	47.46	22.94	47.35	35.05	36.75	25.48	49.68	34.33
半乳糖	6.81	10.15	4.72	9.33	2.21	2.82	1.84	2.86	0.57	2.76
葡萄糖	4.60	1.88	4.53	15.86	4.21	7.50	10.75	15.47	3.24	11.90
甘露糖	30.09	43.21	31.96	22.15	29.70	33.79	33.34	25.47	38.92	35.55
半乳糖醛酸	2.31	11.05	1.15	13.59	0.51	6.72	7.89	15.04	0.69	4.54

（4）EPS 的分子质量及分子构象分析　不同碳源发酵马勃状硬皮马勃产 EPS 的 SEC/MALLS 分析。

利用尺寸排阻色谱（SEC）、多角度激光光散射检测器（MALLS）及示差折光检测器（RI）连用技术，可检测不同碳源发酵马勃状硬皮马勃产 EPS 精制组分的分子质量，及其在水溶液中的分布情况，结果详见表 3.10。

表 3.10　不同碳源发酵马勃状硬皮马勃产 EPS 各组分 SEC/MALLS 相关参数表

碳源		分子参数							
		M_n/(g/mol)	M_w/(g/mol)	M_z/(g/mol)	M_w/M_n	R_n/nm	R_w/nm	R_z/nm	α
葡萄糖	Fr-Ⅰ	1.240×10^5	5.629×10^5	8.806×10^6	4.538	37.8	34.4	55.0	0.28
	Fr-Ⅱ	3.922×10^4	1.203×10^5	2.994×10^6	3.067	15.9	8.7	31.6	0.15
蔗糖	Fr-Ⅰ	1.473×10^4	2.732×10^5	3.474×10^7	18.552	35.6	33.3	49.5	0.21
	Fr-Ⅱ	2.507×10^4	1.671×10^5	2.725×10^7	6.666	36.0	25.1	41.0	0.05
果糖	Fr-Ⅰ	2.776×10^4	1.332×10^5	1.357×10^6	4.797	26.2	22.0	21.8	0.13
	Fr-Ⅱ	3.998×10^4	1.198×10^5	4.483×10^6	2.996	18.5	12.8	31.4	0.16
乳糖	Fr-Ⅰ	2.297×10^6	3.162×10^6	9.175×10^6	1.376	42.0	42.6	44.3	0.29
	Fr-Ⅱ	6.720×10^5	2.613×10^6	1.464×10^8	3.889	45.3	44.3	39.6	0.14

续表

碳源		分子参数							
		M_n/ (g/mol)	M_w/ (g/mol)	M_z/ (g/mol)	M_w/M_n	R_n /nm	R_w /nm	R_z /nm	α
麦芽糖	Fr-Ⅰ	3.128×10^6	7.098×10^6	3.387×10^7	2.269	47.8	48.6	60.9	0.17
	Fr-Ⅱ	3.070×10^6	6.951×10^6	2.225×10^7	2.264	46.3	47.3	58.0	0.18

注：M_n、M_w 和 M_z 分别指数均分子质量、重均分子质量和平均分子质量；M_w/M_n 指多分散系数；R_n、R_w 和 R_z 分别指数学均方旋转半径、质量均方旋转半径和均方旋转半径的均值。α 指均方根半径对分子质量的双对数曲线的斜率。

分析表 3.10 可知，以葡萄糖为碳源发酵马勃状硬皮马勃产 EPS 精制组分的重均分子质量分别为 5.629×10^5 和 1.203×10^5，M_w/M_n 即多分散系数分别为 4.538 和 3.067，表明两个组分的分散性均很低，即在水溶液中很容易形成大量的聚集体，溶解度很小。以葡萄糖为碳源发酵马勃状硬皮马勃产 EPS 精制 Fr-Ⅰ 和 Fr-Ⅱ 的均方根半径分别为 34.4nm 和 8.7nm。Fr-Ⅰ和 Fr-Ⅱ的均方根半径对分子质量的双对数曲线的斜率分别为 0.28 和 0.15（如图所示），说明其在水溶液中以球形构象存在，是一种高度紧密而且具有分支结构的多糖聚合体。通过 SEC/MALLS 测得不同碳源发酵马勃状硬皮马勃产 EPS 各精制组分的分子质量均大于第三章中凝胶过滤法测得的分子质量，这可能是因为精制多糖经过透析后发生了聚集，溶解度降低所致。以蔗糖、果糖、麦芽糖和乳糖为碳源发酵得 EPS 的多分散性也很低，溶解度很小，其均方根半径对分子质量的双对数曲线的斜率均小于 0.3，可知其在水溶液中均以球形构象存在，是一种高度紧密而且具有分支结构的多糖聚合体。出现这种现象的原因，可能是在进行透析时多糖分子发生聚集所致。不同碳源发酵马勃状硬皮马勃产 EPS 精制组分 Fr-Ⅰ（左）和 Fr-Ⅱ（右）的均方根半径对分子质量的双对数曲线如图 3.33 至图 3.37 所示。

（5）不同碳源发酵马勃状硬皮马勃产 EPS 的分子构象分析　不同碳源发酵马勃状硬皮马勃产 EPS 分子构象的参数如表 3.11 所示，其中 M_w 和 R_g 值通过 SEC-MALLS 法测得，而 R_h 通过黏度法获得，根据 Einstein 理论公式推算得。黏度由乌氏黏度计测定，它反映了在稀溶液中多糖所占的水力体积。通常认为，黏度越小，多糖往往具有比较致密的构象。如表 3.11 所示，不同碳源发酵马勃状硬皮马勃产 EPS 的黏度有一定差异，实验测得以葡萄糖为碳源时发酵得 EPS Fr-Ⅱ 的黏度值最小，而且其分子质量和均方旋转半径较其他 EPS 的小，尤其是均方旋转半径非常小，说明其链未舒展开，结构较为致密。

3 碳源对杨树桑黄和马勃状硬皮马勃胞外多糖分子结构及生物活性的影响

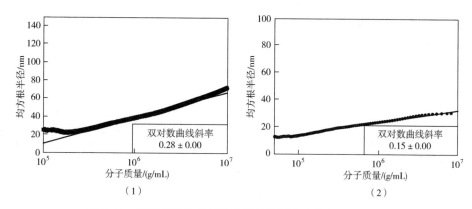

图 3.33 以葡萄糖为碳源发酵马勃状硬皮马勃产 EPS Fr-Ⅰ
和 Fr-Ⅱ的均方根半径对分子质量的双对数曲线

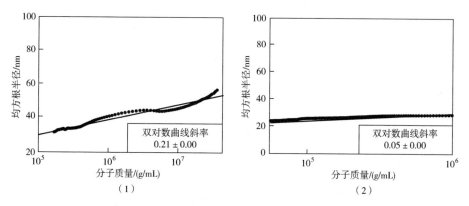

图 3.34 以蔗糖为碳源发酵马勃状硬皮马勃产 EPS Fr-Ⅰ
和 Fr-Ⅱ的均方根半径对分子质量的双对数曲线

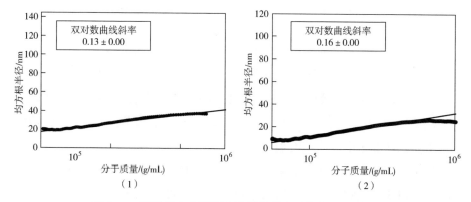

图 3.35 以果糖为碳源发酵马勃状硬皮马勃产 EPS Fr-Ⅰ
和 Fr-Ⅱ的均方根半径对分子质量的双对数曲线

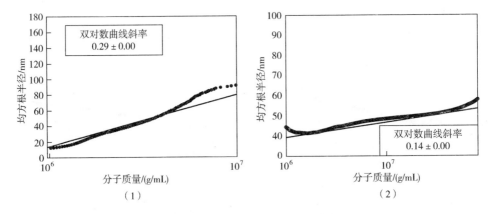

图 3.36 以乳糖为碳源发酵马勃状硬皮马勃产 EPS Fr-Ⅰ
和 Fr-Ⅱ 的均方根半径对分子质量的双对数曲线

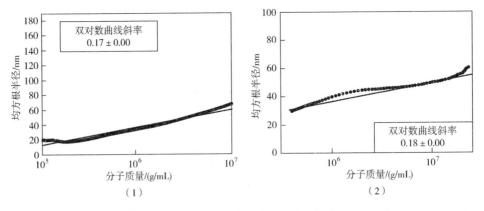

图 3.37 以麦芽糖为碳源发酵马勃状硬皮马勃产 EPS Fr-Ⅰ
和 Fr-Ⅱ 的均方根半径对分子质量的双对数曲线

k' 值在 0.3~0.5 之间时,表明该溶液对聚合物是良溶剂。由表 3.11 可见,不同碳源发酵马勃状硬皮马勃产 EPS 各精制组分的 k' 均大于 0.5,说明其在水溶液中的溶解性较低。R_g 和 R_h 的比值为 ρ,ρ 值可以用来描述多糖分子在水溶液中的链构象,ρ~0.8 时,为均一紧密的球形构象;ρ~1.0 时,为一个松散连接的超支化链或聚合物;ρ~1.5 时,为无规则卷曲的链团;ρ~1.5 时,为扩展的刚性链。分析结果可知,以葡萄糖、蔗糖、果糖、乳糖和麦芽糖发酵得 EPS 各精制组分的 ρ 值均接近于 1,说明其 EPS 各精制组分在水溶液中可能为高度分支的多糖聚集体。

3 碳源对杨树桑黄和马勃状硬皮马勃胞外多糖分子结构及生物活性的影响

表 3.11　不同碳源发酵马勃状硬皮马勃产 EPS 的分子构象参数

碳源		$M_w \times 10^5$ /(g/mol)	R_g/nm	$[\eta]$ /(mL/g)	k'	R_h/nm	ρ
葡萄糖	Fr-Ⅰ	5.629	34.4	513	0.54	35.8	0.96
	Fr-Ⅱ	1.203	8.7	44	0.53	9.4	0.92
蔗糖	Fr-Ⅰ	2.732	33.3	893	0.57	33.8	0.98
	Fr-Ⅱ	1.671	25.1	632	0.59	28.7	0.97
果糖	Fr-Ⅰ	1.332	22.0	542	0.55	22.5	0.97
	Fr-Ⅱ	1.198	12.8	137	0.56	13.8	0.93
乳糖	Fr-Ⅰ	31.62	42.6	189	0.58	45.6	0.93
	Fr-Ⅱ	26.13	44.3	246	0.54	46.7	0.93
麦芽糖	Fr-Ⅰ	70.98	48.6	118	0.53	51.0	0.95
	Fr-Ⅱ	69.51	47.3	116	0.52	50.4	0.94

(6) 小结　五种碳源发酵马勃状硬皮马勃产 EPS Fr-Ⅰ 均为 α-吡喃型酸性杂多糖，并含有甘露糖的特征吸收峰。以葡萄糖、果糖、乳糖和麦芽糖为碳源发酵马勃状硬皮马勃产 EPS Fr-Ⅱ 为 α-甘露吡喃型酸性杂多糖，而以蔗糖为碳源发酵马勃状硬皮马勃产 EPS Fr-Ⅱ 为 β-甘露吡喃型酸性杂多糖。EPS 精制组分的单糖组分主要包括阿拉伯糖、鼠李糖、核糖、木糖、葡萄糖醛酸、半乳糖、葡萄糖、甘露糖和半乳糖醛酸，其种类和含量有显著的差别，尤其是鼠李糖和阿拉伯糖的含量。EPS 各精制组分均含有葡萄糖醛酸和半乳糖醛酸，说明发酵所得的 EPS 可能为酸性多糖。

SEC/MALLS 测得其 EPS 各精制组分的分子质量均大于第三章中凝胶过滤法测得的分子质量，多分散性也很低，溶解度很小，均方根半径对分子质量的双对数曲线的斜率均小于 0.3，可知其在水溶液中均以球形构象存在，是一种高度紧密且具有分支结构的多糖聚合体。通过黏度的测定分析 k' 和 ρ 值，可知其 EPS 精制组分在水溶液中的溶解性也较低，为高度紧密且具有分支结构的多糖聚合体的构象。

3.2.3　胞外多糖的抗氧化活性

(1) 不同碳源发酵马勃状硬皮马勃产 EPS 对·OH 的清除率　不同碳源发酵马勃状硬皮马勃产 EPS 对·OH 的清除率结果如图 3.38 所示，可以明显看出碳源对其抗氧化活性有显著影响，而且随着粗 EPS 浓度的增加，对·OH

的清除率直线升高。不同碳源发酵得粗 EPS 对·OH 的清除能力大小为果糖>乳糖>蔗糖>麦芽糖>葡萄糖。以果糖为碳源发酵得 EPS 浓度为 10mg/mL 时,其对·OH 自由基的清除率高达 22.65%；而以乳糖、蔗糖、麦芽糖和葡萄糖为碳源发酵得粗 EPS 浓度为 10mg/mL 时,对·OH 自由基的清除率分别为 18.87%、16.69%、14.86%、13.66%。可以看出,不同碳源发酵马勃状硬皮马勃产 EPS 对·OH 的清除率远远小于不同碳源发酵杨树桑黄产 EPS 对·OH 的清除率,而且通过前面分析可知,马勃状硬皮马勃 EPS 的黏度均较杨树桑黄 EPS 的高,说明可能具有较高黏度多糖的抗氧化活性较低,研究发现黏度过高不利于多糖药物的扩散与吸收,如裂褶多糖因黏度大而无法在临床上应用,后来在不破坏其结构的基础上使其降解,从而使黏度降低,最终其生物利用率大大提高。通过前面单糖组分分析可知,以葡萄糖为碳源发酵得 EPS 所含单糖组分种类最少,不含阿拉伯糖和鼠李糖,其对·OH 的清除能力也最低,说明单糖组分的种类可能也对抗氧化活性有影响,种类越多的杂多糖表现出越好的抗氧化活性。

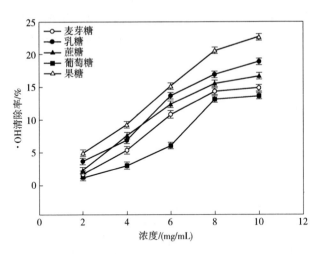

图 3.38　不同碳源发酵马勃状硬皮马勃产 EPS 对·OH 的清除率

(2) 不同碳源发酵马勃状硬皮马勃产 EPS 对·DPPH 的清除率　不同碳源发酵马勃状硬皮马勃产 EPS 对·DPPH 清除率的结果如图 3.39 所示,其对·DPPH 的清除能力大于其对·OH 的清除能力,清除能力大小为果糖>乳糖>蔗糖>葡萄糖>麦芽糖,该顺序与对·OH 清除率的大小基本一致。以果糖为碳源发酵获得 EPS 浓度为 5mg/mL 时,其对·DPPH 的清除能力已经高达

41.32%,以乳糖、蔗糖、葡萄糖、麦芽糖为碳源发酵得 EPS 浓度为 5mg/mL 时,对·DPPH 的清除能力分别为 33.53%、31.10%、25.77%、20.23%。以麦芽糖为碳源发酵得 EPS 对·DPPH 的清除率小于以葡萄糖为碳源发酵得 EPS 对·DPPH 的清除率,该结果与对·OH 的清除率结果相反,可能是因为以麦芽糖为碳源发酵得 EPS 的分子质量较大,抗氧化活性低。通过 SEC/MALLS 可知,以果糖为碳源发酵得 EPS 分子质量相对较低,有利于跨越多重细胞膜阻碍进入生物体内结合活性位点发挥其生物活性,因此其对·DPPH 的清除能力最强。

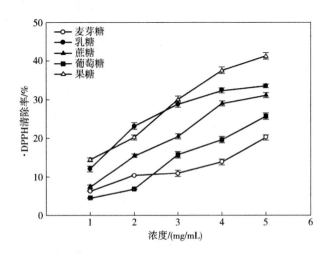

图 3.39　不同碳源发酵马勃状硬皮马勃产 EPS 对·DPPH 的清除率

3.3　小　　结

通过单因素实验确定杨树桑黄产 EPS 的最优环境条件为温度 28℃、pH7、摇床转速 160r/min,最适生长周期为 8d,最佳碳源、氮源和无机盐分别是蔗糖、玉米粉和 KH_2PO_4。正交试验优化杨树桑黄的最佳培养基组合:40g/L 蔗糖,4g/L 玉米粉,4mmol/L KH_2PO_4,获得的最大胞外多糖产量为 0.352g/L。马勃状硬皮马勃产 EPS 的最优环境条件为温度 26℃、pH 8、摇床转速 160r/min,最适生长周期为 10d,最佳碳源、氮源和无机盐分别是果糖、大豆粉、KH_2PO_4 和 $MgSO_4$。正交试验优化的产 EPS 的最佳培养基组合:20.0g/L 果糖,5.0g/L 大豆粉,2.5mM/L KH_2PO_4,2.5mM/L $MgSO_4$。在优化培养基下,马勃状硬皮马勃 EPS 产量为 2.627g/L。

在摇床优化培养基中，两种真菌的形态学和黏度结果总结如下：杨树桑黄菌丝球随着培养时间的延长逐渐增大，其平均直径、紧密度均逐渐增加，圆度先增加后急剧减小，粗糙度与圆度呈负相关，表现为先减小后增加的趋势。马勃状硬皮马勃的菌丝体呈分枝状生长，群体呈片层状而不是多数丝状真菌的菌球状；发酵液黏度与培养时间正相关，较高的黏度表现出良好的流变学性质，使 EPS 具有作为食品添加剂开发利用的潜力；与多数大型真菌类似，其发酵液 pH 与培养时间呈负相关。

两种真菌产 EPS 经除蛋白、醇沉后，冷冻干燥得到粗多糖。不同碳源发酵杨树桑黄制得的粗 EPS 精制组分的收集管数大致相同，以葡萄糖、蔗糖、果糖、麦芽糖和乳糖分别为碳源时，精制多糖组分的收集管数分别：Fr-Ⅰ 13~28 管，Fr-Ⅱ 29~40 管；Fr-Ⅰ 12~28 管，Fr-Ⅱ 29~40 管；Fr-Ⅰ 12~28 管，Fr-Ⅱ 29~35 管；Fr-Ⅰ 14~24 管，Fr-Ⅱ 25~40 管；单一组分 25~40 管。以葡萄糖、蔗糖和果糖为碳源发酵杨树桑黄产 EPS Fr-Ⅰ 的分子质量为 627.5ku；以麦芽糖为碳源发酵得 EPS Fr-Ⅰ 的分子质量为 1153.5ku。以葡萄糖和蔗糖为碳源发酵得 EPS Fr-Ⅱ 的分子质量为 55.0ku；以果糖和麦芽糖为碳源发酵得 EPS Fr-Ⅱ 的分子质量分别为 74.5ku 和 137.0ku。以乳糖为碳源发酵制得的 EPS 相对分子质量为 101.0ku。

不同碳源发酵马勃状硬皮马勃制得的粗 EPS 精制组分的收集管数也大致相同，以葡萄糖、蔗糖、果糖、麦芽糖和乳糖分别为碳源时，精制多糖组分的收集管数：Fr-Ⅰ 13~35 管，Fr-Ⅱ 36~45 管；Fr-Ⅰ 14~35 管，Fr-Ⅱ 36~45 管；Fr-Ⅰ 13~35 管，Fr-Ⅱ 36~45 管；Fr-Ⅰ 13~31 管，Fr-Ⅱ 32~50 管；Fr-Ⅰ 13~31 管，Fr-Ⅱ 32~50 管。实验测得以葡萄糖、蔗糖和果糖为碳源发酵马勃状硬皮马勃产 EPS Fr-Ⅰ 的分子质量为 627.5ku；以麦芽糖和乳糖为碳源发酵得 EPS Fr-Ⅰ 的分子质量为 1563.9ku。以葡萄糖、蔗糖、果糖、麦芽糖和乳糖为碳源发酵得 EPS Fr-Ⅱ 的相对分子质量为 4.82ku。

红外分析结果可知以葡萄糖为碳源发酵杨树桑黄产 EPS Fr-Ⅰ 为 β-吡喃型的酸性杂多糖，以果糖和麦芽糖为碳源发酵获得的 EPS Fr-Ⅰ 为 α-甘露吡喃型的酸性杂多糖，以蔗糖为碳源发酵获得的 EPS Fr-Ⅰ 为 α-、β-两种构型共存的甘露吡喃型酸性杂多糖；以麦芽糖为碳源发酵获得的 EPS Fr-Ⅱ 为 β-甘露吡喃型的酸性杂多糖，以葡萄糖、蔗糖和果糖为碳源发酵获得的 EPS

3 碳源对杨树桑黄和马勃状硬皮马勃胞外多糖分子结构及生物活性的影响

Fr-Ⅱ为α-甘露吡喃型的酸性杂多糖，以乳糖为碳源发酵获得的 EPS 为酸性甘露聚糖。五种碳源发酵得 EPS 精制组分都含有大量葡萄糖醛酸和半乳糖醛酸，说明发酵所得的 EPS 可能为酸性多糖；其单糖组分中含量最多的是甘露糖，其次是葡萄糖，鼠李糖和核糖所占的比例最少。通过 SEC/MALLS 测得不同碳源发酵杨树桑黄产 EPS 各精制组分的分子质量均大于第三章中凝胶过滤法测得的分子质量，其 EPS 的多分散性也很低，溶解度很小，而且均方根半径对分子质量的双对数曲线的斜率均小于 0.3，可知其在水溶液中均以标准的球形构象存在，是一种高度紧密而且具有分支结构的多糖聚合体。通过黏度的测定分析 k' 和 ρ 值，可知其 EPS 精制组分在水溶液中的溶解性较低，为高度紧密且具有分支结构的多糖聚合体的构象。

五种碳源发酵马勃状硬皮马勃产 EPS Fr-Ⅰ均为α-吡喃型酸性杂多糖，并含有甘露糖的特征吸收峰。以葡萄糖、果糖、乳糖和麦芽糖为碳源发酵马勃状硬皮马勃产 EPS Fr-Ⅱ为α-甘露吡喃型酸性杂多糖，而以蔗糖为碳源发酵马勃状硬皮马勃产 EPS Fr-Ⅱ为β-甘露吡喃型酸性杂多糖。EPS 精制组分的单糖组分主要包括阿拉伯糖、鼠李糖、核糖、木糖、葡萄糖醛酸、半乳糖、葡萄糖、甘露糖和半乳糖醛酸，其种类和含量有显著的差别，尤其是鼠李糖和阿拉伯糖的含量。EPS 各精制组分均含有葡萄糖醛酸和半乳糖醛酸，说明发酵所得的 EPS 可能为酸性多糖。

SEC/MALLS 测得其 EPS 各精制组分的分子质量均大于第三章中凝胶过滤法测得的分子质量，多分散性也很低，溶解度很小，均方根半径对分子质量的双对数曲线的斜率均小于 0.3，可知其在水溶液中均以球形构象存在，是一种高度紧密且具有分支结构的多糖聚合体。通过黏度的测定分析 k' 和 ρ 值，可知其 EPS 精制组分在水溶液中的溶解性也较低，为高度紧密且具有分支结构的多糖聚合体的构象。

不同碳源发酵杨树桑黄和马勃状硬皮马勃产 EPS 对·OH 和·DPPH 的清除率有明显差异，其抗氧化活性表现出的差异与其结构的差异性有明显的关联。以蔗糖、果糖、乳糖、葡萄糖、麦芽糖为碳源发酵杨树桑黄产粗 EPS 浓度为 10mg/mL 时，对·OH 自由基的清除能力达到最大，分别为 38.58%、34.50%、30.18%、26.60%、20.68%；以蔗糖、果糖、乳糖、麦芽糖、葡萄糖为碳源发酵杨树桑黄产 EPS 浓度为 5mg/mL 时，对·DPPH 自由基的清除能力达到最大，分别为 59.17%、44.38%、34.32%、33.43%、22.78%。以果糖、乳糖、蔗糖、麦芽糖和葡萄糖为碳源发酵马勃状硬皮马勃产 EPS 浓度为 10mg/mL 时，对·OH 的清除率达到最大，分别为 22.65%、18.87%、16.69%、14.86%、13.66%；以果糖、乳糖、蔗糖、葡萄糖、麦芽糖为碳源发酵马勃状硬皮马勃产 EPS 浓度为 5mg/mL 时，对·DPPH 的清除能力达到最大，分别为 41.32%、33.53%、31.10%、25.77%、20.23%。经分析可知，分子质量适中的多糖活性最高；具有较高黏度多糖的抗氧化活性较低；甘露聚糖可能对抗氧化活性有一定影响；β-构型的多糖抗氧化能力更强；单糖组分的种类和含量，尤其是甘露糖基，对抗氧化活性也有重要影响。

本工作研究了两种真菌液体深层发酵培养条件的优化及形态学，并在该优化条件的基础上进行发酵罐培养，利用不同碳源发酵制备 EPS，经分离纯化后，利用红外光谱仪、GC/MS、SEC/MALLS、乌氏黏度计对其分子结构进行表征分析，最后通过 EPS 对·OH 和·DPPH 清除率的测定，分析其结构与生物活性之间的关系。该论文的研究为两种真菌在医药及食品行业的应用提供了理论基础，也为进一步阐述多糖的构效关系提供参考。

多糖的构效关系一般是指多糖的一级结构、高级结构及其理化性质与其生物活性之间的关系。对多糖结构进行分析，需要研究其单糖组成和含量、糖苷键的类型、主链构型、官能团、空间构象等，多糖的理化性质包括分子质量、溶解度、黏度等。本工作主要研究了碳源对两种真菌多糖的一级结构及在水溶液中的构象，还有其分子质量、溶解度、黏度等理化性质的影响，阐述了其结构、理化性质与生物活性之间的关系。但由于实验提取得到的真菌多糖为结构复杂的杂多糖，纯度较低，生物活性不稳定，因此很难在分子水平上阐明其构效关系及其作用机制。而且对影响多糖活性的各种因素，不能单方面的进行考虑分析，还要分析其结构与结构之间、结构与理化性质之间的相互关系对多糖生物活性的影响。我国对多糖结构的研究起步较晚，其构效关系仍然是一个技术难点，需要进一步深入研究。

4 杨树桑黄子实体多糖的提取，结构及生物活性分析

近年来，真菌多糖的研究由于其抗氧化、抗炎症、免疫调节和抗肿瘤活性等多种生物活性而备受关注。多糖由通过糖苷键连接在一起的十多个单糖组成，并且它们采用各种形式的链构象。研究人员从各种真菌中提取多糖，并得出多糖的化学结构、链构象和水溶性与其生物活性密切相关。Phellinus vaninii（又称杨黄）是一种药用担子菌，主要存在于中国东北地区，是一种广为认知的中草药。P. vaninii Ljup 经常与 Phellinus igniarius（在传统药物中称为桑黄）和 Phellinus linteus（主要在韩国发现）相混淆。后两种真菌被认为是治疗癌症的有效药用真菌。据报道，P. igniarius 和 P. linteus 的多糖提取物可以达到刺激机体免疫效果并可以抑制肿瘤生长。然而，没有文献报道关于杨黄子实体多糖结构和生物活性之间的。

因此，分别用热水和氢氧化钠溶液从杨树桑黄的子实体中分离纯化出两种水溶性多糖（PV-W，PV-B）。通过 FT-IR、GC-MS 和 ^{13}C NMR 分析化学结构。结果表明，PV-W 是一种杂多糖，主要由甘露糖、葡萄糖、阿拉伯糖和半乳糖组成。PV-B 是由 β-1,6-D-葡萄糖支化的 β-1,3-D-葡聚糖。黏度测定结果证明 PV-W 和 PV-B 可以分子分散在水中而不会聚集。SEC-MALLS-RI 的结果表明，两种多糖具有相似的 M_w 但具有不同的链构象。PV-W 是具有球状形状的稳定链，而 PV-B 是更加扩展的柔性无规卷曲构象。MTT 实验表明，PV-B 对 HepG2 和 HeLa 细胞的抑制作用明显高于 PV-W。这项工作提供了杨树桑黄活性成分的重要信息及其在食品和医药行业的潜在应用。

4.1 桑黄多糖的提取纯化

实验流程如图 4.1，具体步骤如下：

将大块桑黄除去木质部，烘干，粉碎成粉末称取 100g，用滤纸分包（每包约 15g）备用。将包好的桑黄粉末分批装入索氏提取器，用乙酸乙酯脱脂

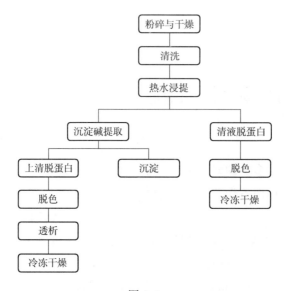

图 4.1

8h，再将脱脂后的小包药品用丙酮回流 8h 除去残余的乙酸乙酯，脱脂完成后烘干。将脱脂后烘干的桑黄粉末浸泡于 1500mL 生理盐水中 3h 左右，离心，弃上清，两次；在用清水清洗两次，弃上清。将清洗过的子实体粉末中加入 2000mL 纯水，在 120℃灭菌锅中提取 4h，离心，留上清，残渣用于碱提。配置 0.05%硼氢化钠与 5%氢氧化钠混合液 2000mL，将水提后的滤渣每次用 2000mL 碱液提取 4h，提取两次，合并上清。将碱提取液用冰醋酸调节 pH 至 7 离心，收集上清液。用氨水调节 pH 至 8~9，每隔 30min 加入 30%双氧水 20mL 搅拌脱色处理，直至溶液近无色。最后采用 Sevage 法除蛋白，加入氯仿和正丁醇（提取液体积：氯仿：正丁醇＝25：5：1）搅拌 0.5h，收集上层提取液，除蛋白 3 次。收集上清液透析后冷冻干燥获得碱提多糖样品，标记为 PV-B。热水浸提多糖同样经脱色，除蛋白处理后透析，最后冷冻干燥到到热水提多糖，标记为 PV-W。

实验获得热水浸提法的多糖产率为 0.96%；碱提法获得多糖的产率为 4.65%；碱提法产率明显高于热水浸提法。因为碱液能溶解和破坏真菌子实体细胞壁和细胞膜，促进细胞壁中和细胞内多糖的溶出，另外，碱液能破坏多糖之间的氢键，促进多糖溶解。因此，碱提法的产率较高。多糖中蛋白质含量通过凯式定氮法检测，得到 PV-W 和 PV-B 中蛋白含量分别为 3.2% 和 1.3%，含量较低，在后续化学结构分析中忽略不计。

4.2 桑黄多糖的结构及构象

4.2.1 桑黄多糖的化学结构分析

本工作采取的结构分析方法包括 IR，NMR，GC-MS。IR 可以初步鉴定样品的性质，并可提供多糖糖苷键方面的信息；NMR 对于多糖的结构具有重要作用，其基本信息（异头碳构型，支链等）均可得到归属；GC-MS 能提供组成多糖分子的单糖类别及其摩尔比，通过以上分析方法与实验方法结合可确定多糖的结构。

（1）红外光谱（IR）检测　红外光谱（IR）测试使用 Nicolet 傅立叶变换红外光谱仪（Spectrum One, Thermo Nicolet Co., Madison, WI, USA），采用 KBr 压片法，扫描范围为 4000~500cm^{-1}。

核磁共振：^{13}C NMR 谱 600MHz INOVA-600 型核磁共振仪（Varian Inc., Palo alto, CA, USA）测试。以 99.96% DMSO-d$_6$ 为溶剂，多糖溶液浓度约为 2wt%，丙酮作内标（δ_H=2.225，δ_C=31.45），化学位移用单位 mg/kg 表示。

（2）气相色谱与质谱联用（GC-MS）测单糖组分　准确称取 5mg 多糖样品溶于 3mL 2mol/L 的三氟乙酸溶液，密封后 120℃下水解 2h。水解后旋蒸，蒸干后加入 2mL 甲醇继续蒸干，重复 3 次（去除三氟乙酸）。加入 2mL 吡啶和 100mL 硅烷化衍生试剂（BSTFA：TMCA，99：1）于 80℃烘箱反应 1h，用 0.22μm 滤膜过滤至气相瓶中送样检测。

气相色谱设定条件：自动进样 1μL，分流比例 5：1，延迟时间 10min，采用 HP-5 MS 60m 色谱柱，初始温度为 80℃，然后以 5℃/min 的速率升至 280℃，保持该温度 20min。使用装有火焰离子化检测器的气相色谱仪（HP-6890, Agilent）、毛细管色谱柱（30m×0.32mm×0.25 μm HP-5MS）和质谱仪（5973N, Agilent）可准确地分析试样中的单糖组成和键接方式。

热水及碱液提取的两种水溶性多糖的红外光谱图示见图 4.2。红谱图显示出多糖在红外光谱图中的特征性吸收峰，比如：3330cm^{-1} 左右是由多糖中缔合的羟基 O—H 伸缩振动引起的，有较宽的吸收峰；2940cm^{-1} 处吸收峰是由糖链 C—H 的伸缩振动引起的；1620cm^{-1} 处吸收峰是—COO$^-$ 的非对称伸缩振动；1300~1000cm^{-1} 为多糖中 C—O—C 的伸缩振动吸收峰。800cm^{-1} 到 1000cm^{-1} 为判断多糖结构的特征区间，例如，890cm^{-1} 处的吸收峰为 β-吡喃环

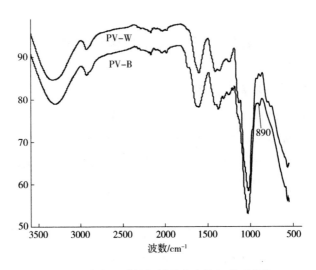

图 4.2 热水及碱提杨树桑黄多糖红外吸收峰

糖苷键的特征峰,而 920cm^{-1} 和 850cm^{-1} 是 α-吡喃环糖苷键的特征峰;810cm^{-1} 和 870cm^{-1} 是甘露糖的特征吸收峰。从图中可以看出水提多糖在此区间显示出较为复杂的吸收峰带,其中既有甘露糖也有 α-吡喃环糖苷键的特征吸收峰,而碱提多糖在 890cm^{-1} 有明显吸收,它是 β-吡喃环糖苷键的特征峰,在 890cm^{-1} 两侧也无甘露糖的吸收峰,表明碱提多糖的主要化学结构可能为β-D-葡聚糖。

(3) 气相色谱与质谱联用(GC-MS) 为得到更加详细的多糖化学结构信息,一般采用化学分析方法将多糖降解并使用 GC-MS 作为检测工具。我们将多糖样水解、硅烷化,然后进行气相色谱分析,可得到多糖的单糖组成。如图 4.3 所示了来自两种多糖的硅烷化分析的 GC/MS 的总离子流(TIC)色谱图。如表 4.1 所示,与标准单糖衍生物(数据未示出)相比,除少量甘露糖外,PV-B 主要由葡萄糖组成,表明来自氢氧化钠溶液提取程序的多糖几乎是纯葡聚糖。然而,PV-W 由 52.2% 的甘露糖、29% 的葡萄糖和少量的其他单糖组成,表明来自热水提取的多糖具有更复杂的结构。

表 4.1　　　　　多糖中单糖的相对含量　　　　　单位:%

样品	阿拉伯糖	木糖	核黄素	半乳糖	甘露糖	葡萄糖
PV-W	6.4	3.2	2.9	6.3	52.2	29
PV-B	1.6	1.6	0.5	0.2	4.4	91.7

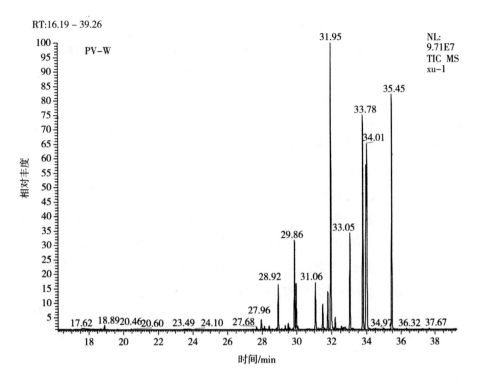

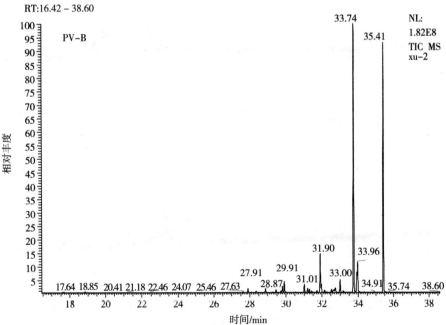

图 4.3　热水及碱提桑黄多糖硅烷化分析的 GC-MS 总离子流（TIC）色谱图

PV-W 和 PV-B 在 DMSO-d6 中的 ^{13}C NMR 谱图如图 4.4 所示。显然，PV-B 的 ^{13}C NMR 谱和具有（1→6）侧链的 β-（1→3）-D-葡聚糖结构非常相似，例如裂褶菌多糖和香菇多糖。其中 103.7（C1），73.9（C2），86.9（C3），68.9（C4），76.6-77.3（C5）和 61.4（C6）mg/kg 的峰是 β-（1→3）-D-葡聚糖的典型特征，而 70.5（C6s）mg/kg 的峰是由主链上的分支影响引起的，这表明葡聚糖在 C6 处有分支。对于 PV-W，将 101.3，79.8，72.3，66.7 和 61.9 的峰可归属于 β-D-甘露糖的 C-1，C-5，C-3，C-4 和 C-6。102.1，74.1，68.9，79.8 和 61.9 的信号可归为 β-1,3-D-葡萄糖的 C-1，C-2，C-4，C-5 和 C-6。99.4 处的信号表明 PV-W 也具有 α-连接的甘露糖，67.9~71.09 的信号由多糖支化结构引起。根据上述所有日期，PV-B 被证实为 β-1,3-D-葡聚糖，其分子为 β-1,6-D-葡萄糖，PV-W 为杂多糖，具有 α-甘露糖，β-D-甘露糖和 β-D-葡萄糖。

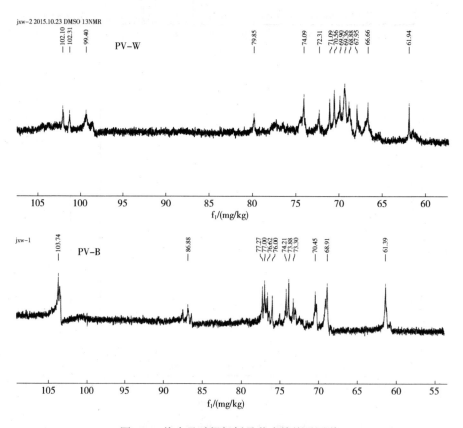

图 4.4　热水及碱提杨树桑黄多糖核磁图谱

4.2.2 桑黄多糖的链构象分析

链构象分析方法 采用尺寸排除色谱、多角度激光光散射仪和示差折光仪联用装置（SEC-MALLS-RI）测试试样的重均分子质量（M_w）、均方根旋转半径（$<S^2>_z^{1/2}$）及多分散系数（M_w/M_n）等分子参数。多角度激光光散射仪为美国怀亚特技术公司多角度激光光散射仪（MALLS, Wyatt Technology Co., Santa Barbara, CA, USA），激光为 He-Ne 激光源，波长设置为 663.7nm，用甲苯对激光光散射仪进行校正，用普鲁兰标样（pullulan, M_w = $1.18×10^4$, M_w/M_n = 1.10, Showa Denko, Japan）进行归一化处理。多糖溶于超纯水中，配制浓度为 1mg/mL，室温下磁力搅拌 24h 使其充分溶解。测量前溶液和溶剂用滤膜过滤（Millipore, 0.2μm）。流动相分别为使用 50mmol/L $NaNO_3$ 和 0.02% NaN_3（用 0.2μm 滤膜过滤除尘后超声脱泡 4h），测试温度 25℃，进样量 100μL，流速 0.5mL/min。多糖在水溶液中的 dn/dc 值由示差检测器测量五个不同浓度多糖样品，计算结果为 0.138mL/g。Astra 软件（Version 6.1）用于多糖溶液的示差、激光散射信号采集并求取 M_w、$<S^2>_z^{1/2}$ 和第二维利系数（A_2）等分子参数。

多糖溶液特性黏数（$[\eta]$）用乌氏毛细管黏度计于 25℃下测量。溶剂分别为二次蒸馏水水溶液和二甲亚砜（DMSO）。选择溶剂流出毛细管时间适当长（t_0>120s）的黏度计，因此可忽略动能校正。用逐步稀释法将浓度（c）外推至零，由 Huggins 方程和 Kraemer 方程的截距得到 $[\eta]$，其中，k' 为高分子在某温度下某溶剂中的常数，η_{sp}/c 为比浓黏度。

Huggins 式

$$\eta_{sp}/c = [\eta] + k'[\eta]^2 c \qquad (4.1)$$

Kraemer 式

$$\ln\eta_r/c = [\eta] - \beta[\eta]^2 c \qquad (4.2)$$

PV-W 和 PV-B 在水中的分子质量和链构象用尺寸排阻色谱结合多角度激光散射（SEC-MALLS）和 Ubbelohde 毛细管黏度计测定。结果如表 2 所示，根据等式（1）和（2）估算水中两个样品的 Huggins 常数 k' 和特性黏数 $[\eta]$。对于良溶剂中的聚合物，k' 值通常为 0.3~0.5，对于 θ 溶剂中的聚合物，其值为 0.5~0.8。PV-W 的 k' 值为 0.41，PV-B 的 k' 值分别为 0.37，表明它们可以较好地分散溶于水中而不会聚集。如图 4.5 所示多糖的光散射信号和分子质量对应流出时间的 SEC 图谱。结果证实 PV-W 和 PV-B 均为单一级分，随

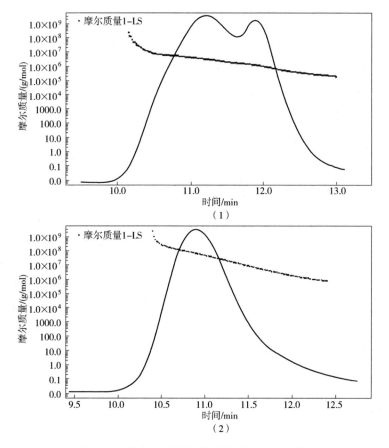

图 4.5 热水及碱提杨树桑黄多糖 SEC 图谱

着流出时间的增加,多糖分子质量逐渐下降。如表 2 所示,PV-W 和 PV-B 的平均分子质量 (M_w) 分别测定为 4.6×10^5 和 5.3×10^5。特性黏度 $[\eta]$ 值和均方根旋转半径 $\langle s^2 \rangle_z^{1/2}$ 值反映了聚合物链的扩展程度。通常,线性链聚合物具有比支化聚合物更高的 $[\eta]$ 值和 $\langle s^2 \rangle_z^{1/2}$ 值。尽管 PV-W 和 PV-B 具有相似的分子质量,PV-B 的半径 $\langle s^2 \rangle_z^{1/2}$ 值和 $[\eta]$ 远远高于 PV-W,说明 PV-W 可能会支化度较高的高聚物,而 PV-B 的支化度远低于 PV-W,更偏向为线性链聚合物。为了进一步探讨两种多糖分子构象,我们可以对 $\langle s^2 \rangle_z^{1/2}$ 与 M_w 进行曲线拟合,由拟合结果可以建立 M_w 与 $\langle s^2 \rangle_z^{1/2}$ 的关系式 ($\langle s^2 \rangle_z^{1/2} = kM_w^\alpha$)。其中 α 值可以作为判断多糖分子在水溶液中的构象。通常,α 为 0.3 左右表明球型高分子,无规卷曲的柔顺链高分子在良溶剂中的指数 α 值为 0.5~0.6,刚性链或蠕虫状链的 α 值大于 0.6,可以看出随着 α 值的增加,高分子链的舒展性越高。

两种多糖（PI-W 和 PI-B）的 M_w 与 $\langle s^2 \rangle_z^{1/2}$ 散点分布图如图 4.6 所示，我们分别对两种多糖进行模拟。正如预期的那样，从图中可以观察到两条具有不同斜率的模拟曲线，表明 PV-W 和 PV-B 具有不同的构象。PV-W 的 $\alpha = 0.29$，表明 PV-W 是稳定的球状聚合物，而 PV-B 的 $\alpha = 0.57$ 表明 PV-B 是水溶液中的无规卷曲构象。因此，结果表明 PV-B 的链结构比 PV-W 的链结构更灵活和扩展。

表 4.2

	M_w/(g/mol)	$\langle s^2 \rangle_z^{1/2}$/nm	$[\eta]$/(mL/g)	k'	α
PV-W	4.6×10^5	21.8	102	0.41	0.29
PV-B	5.3×10^5	40.2	342	0.37	0.57

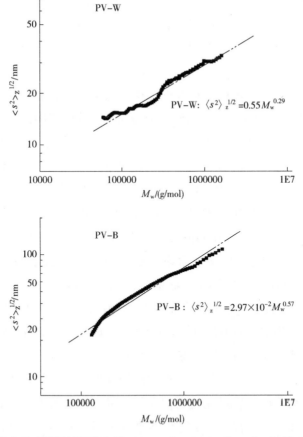

图 4.6　热水及碱提杨树桑黄多糖（PI-W 和 PI-B）的 M_w 与 $\langle s^2 \rangle_z^{1/2}$ 对数关系图

4.3 桑黄多糖的抗肿瘤活性

选择的肿瘤细胞为宫颈肿瘤细胞（Hela）和肝癌细胞 HepG2。细胞培养采用 DMEM 培养基，含 10%胎牛血清（FBS），100U/mL 青霉素和 100μg/mL 链霉素。细胞置于培养箱中培养，温度 37℃，5% CO_2。采用 MTT 法测定细胞存活率。用胰酶消化贴壁细胞 3min，重悬后以每孔 6000 个细胞接种于 96 孔培养板，置于培养箱中（37℃，5% CO_2）。孵育 24h 后，用 PBS 清洗两次再每孔加入 200μL 新鲜培养基，实验组每孔加 20μL 不同浓度的试样孵育 48h 后，每孔加入 20μL MTT（5mg/mL）溶液，继续放于培养箱中孵育 4h，弃上清液，每孔加入 150μL DMSO，振荡混匀，待紫色结晶充分溶解后，用自动酶标仪（Bio-Rad，Model 550，USA）检测 570nm 处比色检测每孔光强度（OD）值。细胞的存活率通过（$OD_{570,sample}/OD_{570,control}$）× 100% 计算，$OD_{570,sample}$ 为加入试样的各实验组的光强度，$OD_{570,control}$ 为对照组（PBS）的光强度。

用不同浓度的杨黄多糖分别处理两株肿瘤细胞 48h 后，肿瘤细胞存活率如图 4.7 所示，两种多糖在 0.625~100μg/mL 的浓度范围内对肿瘤细胞的增殖的抑制效果呈线性增强。PV-B 和 PV-W 在 HeLa 细胞上的细胞存活率分别为 68.5%和 41.1%，PV-B 和 PV-W 对 HepG2 细胞的最高抑制率分别为 78.0%和 41.6%。观察到 PV-B 对 HepG2 细胞的抑制作用最强，IC50 值为 13.5μg/mL（PV-W 的 IC50 值为 176μg/mL）。PV-B 和 PV-W 对 HeLa 细胞的抑制作用的 IC50 值分别为 33μg/mL 和 153μg/mL。PV-B 对 HepG2 和 HeLa 细胞的抑制作用均高于 PV-W。徐等人报道了从香菇中提取的支链 β-(1,3)-葡聚糖（LNT）LNT 启动了 caspase 依赖性途径以诱导体内细胞凋亡，并且 p53 依赖性信号通路在体外抑制细胞增殖。相应地，怀疑 PV-W 和 PV-B 抑制肿瘤细胞的细胞增殖而不是直接杀死细胞。关于 PV-W 和 PV-B 的抗癌活性机制，包括细胞介导的免疫应答，正在进一步开展工作。

多糖的抗肿瘤活性与其化学结构和链构象以及它们的物理性质有关。因此，多糖的生物活性差异可能与它们在水中的不同溶解度，支化率，化学结构，分子质量和链构象有关。尽管仍然难以阐明复合多糖的结构与抗肿瘤活性之间的关系，但已经提出了一些解释。已经发现，在真菌细胞壁中普遍存

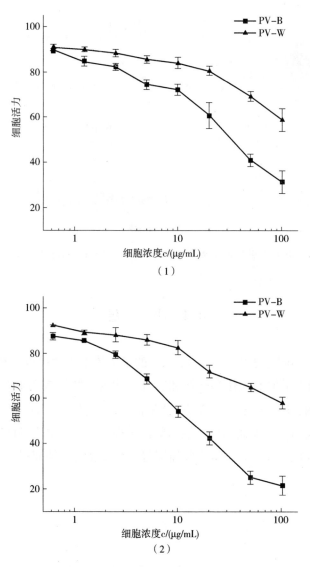

图 4.7 热水及碱提杨树桑黄多糖（PI-W 和 PI-B）抗肿瘤活性

在的 β-葡聚糖具有抗肿瘤活性和其他生物活性，例如抗 HIV 活性、抗氧化和免疫调节。PV-B 不仅是 β-葡聚糖，而且还具有比 PV-W 更灵活和扩展的链结构。PV-B 的其他结构特质，例如在水中的良好溶解性和适度的分子质量，可以促使 PV-B 具有更多结合细胞膜的机会，如图 4.8 所示，导致其对癌细胞系的细胞毒性高于 PV-W。

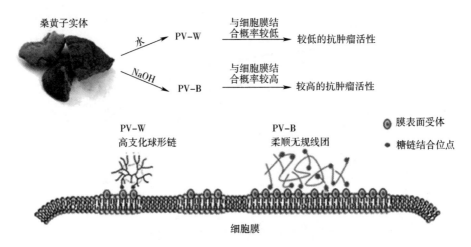

图 4.8 热水及碱提杨树桑黄多糖（PI-W 和 PI-B）的构效关系示意图

4.4 小　　结

我们通过不同方法从 P. vaninii Ljup 的子实体中连续提取两种多糖 PV-W 和 PV-B。研究了他们的化学结构和链分子构象，结果表明 PV-W 是球形的高支化杂多糖，PV-B 是 β-1,3-D-葡聚糖并带有 β-1,6-D-葡萄糖分支，它采用较为舒展的无规卷曲构象。他们的抗肿瘤活性研究采用 MTT 法检测，结果表明 PV-B 对 HeLa 和 HepG2 肿瘤细胞具有较强的体外抑制活性。

第二部分
蕈菌多糖的衍生化及生物活性

真菌多糖显示抗肿瘤、抗病毒等多种生物活性，而且来源丰富。本项目的特色在于从这些真菌中提取分离出具有生物活性的真菌多糖，利用高分子物理理论和近代研究方法研究它们链结构和链构象，并通过硫酸酯化对其进行修饰，研究硫酸酯化多糖的结构和功能，揭示它们结构和功能间的构效关系，具有原始创新。对天然多糖进行衍生化研究，可以进一步提高多糖的生物活性，对具有生物活性的天然化合物进行强化其功能性，可获得新型有生物活性的化合物，可应用于新药和保健药品的研制。

目前真菌多糖已经广泛应用于食品和医药领域，但是由于其生物活性和溶解度的问题，往往作为辅助制剂，存在的大量研究也证明了硫酸酯化可以提高多糖的生物活性，比如抗氧化活性和抗肿瘤活性等，但是对其构效关系研究不深。本项目将详细研究化学结构（直链和支链型）、分子质量、支化度、电荷等对真菌多糖分子构象的影响，进而研究真菌螺旋链多糖分子构象与生物活性的科学规律，对探索多糖及其衍生物在生物体内的作用提供了科学依据，具有特色和创新性。

5 杏鲍菇多糖硫酸酯化条件优化及抗氧化活性

5.1 胞外多糖的发酵及提取纯化

将保存于4℃冰箱中的杏鲍菇试管斜面菌种中的菌丝块接种于PDA平板培养基上，26℃下菌种活化培养7d。在真菌PDA平板培养基中靠近菌株生长边缘的位置，使用打孔器取两块1cm²的菌种块，分别接种于液体种子基础培养基中，将摇瓶置于恒温振荡摇床中，26℃ 160r/min 培养4d，分别得到真菌液体菌种。取一定量的液体菌种接种于真菌的摇瓶液体发酵优化培养基中，置于恒温振荡摇床中，25℃ 160r/min 培养7d。

真菌经过液体摇瓶发酵后，抽滤除去液体培养液中的菌丝体后，向发酵液中加入4倍体积的无水乙醇，沉降过夜，离心后分别得到真菌胞外粗多糖。胞外粗多糖溶于适量蒸馏水中，采用Sevag去除蛋白质。再用双氧水脱色处理，透析处理去除小分子，溶液浓缩后真空冷冻干燥，得到精制真菌胞外多糖。

5.2 真菌胞外多糖硫酸化修饰及化学结构分析

本部分采用精制真菌多糖得出最优化的反应条件。固定多糖羟基与氯磺酸的摩尔比为1:5，分别以二甲基亚砜（DMSO）、N,N-二甲基甲酰胺（DMF）或吡啶（pyridine）为溶剂，反应温度（T）为60℃和80℃，反应时间为60min、90min、120min，得到一系列产物。反应结束后，待反应液冷却至室温后，将其倒入100mL冰水混合物中，用15%的NaOH溶液调整反应液的pH=7.0，加入3倍于反应液体积的无水乙醇，静置24h后离心得到沉淀，用热蒸馏水将其溶解，用蒸馏水透析72h，浓缩后真空冷冻干燥后，得到真菌发酵胞外多糖硫酸酯。它们的具体反应条件以及硫酸酯化取代度、分子质量和水溶性列于表5.1。其中以DMSO为溶剂的硫酸酯化反应所得产物产率低，且水溶性差；而以 DMF 和吡啶为溶剂均可得到水溶性好、含硫量高的硫酸酯衍生物。在其他反应条件相同时，以吡啶为反应溶剂所得产物的分子质量优于在 DMF 中的酯化反应。此外，升高反应温度、延长反应时间均可使产物取代度增加，但同时由于高分子降解，所得硫酸酯衍生物分子质量越小。因此，采用吡啶为反应溶剂，羟基与氯磺酸的摩尔比为 1∶5，且反应温度为 80℃、反应时间 90min 的条件，可以得到分子质量较高、水溶性良好且具有较理想取代度的硫酸酯衍生物。

表 5.1　　杏鲍菇胞外多糖（Fr-Ⅰ）在不同反应条件下的分子质量、硫酸酯化取代度和水溶性

溶剂	羟基∶氯磺酸（摩尔比）	温度/℃	反应时间/min	$M_w \times 10^{-4}$	硫酸根取代度/%	水溶性
DMSO	1∶5	60	90	—	5.8	较差
DMF	1∶5	60	90	29.6	10.2	良好
DMF	1∶5	80	90	20.9	15.6	良好
pyridine	1∶5	80	60	38.1	11.2	良好
pyridine	1∶5	80	90	32.2	16.5	良好
pyridine	1∶5	80	120	15.5	17.4	良好

化学结构分析包括以下方法：

1. 硫酸基含量的测定

采用 $BaSO_4$ 浊度法。

2. 红外光谱测定

分别取杏鲍菇发酵胞外多糖及其硫酸酯样品各 1mg，加入一定量 KBr 粉末，一起研磨均匀后进行压片处理，于 $4000 \sim 500 cm^{-1}$ 的红外区进行扫描，得到其红外光谱图。

3. 黏度法测量

杏鲍菇胞外多糖及其硫酸酯衍生物的特性黏数（$[\eta]$）用乌氏毛细管黏度计于 25℃ 测量，溶剂为 0.15mol/L NaCl 水溶液即 0.9% NaCl。忽略动能校正及溶液和溶剂的密度差值。按以下的 Huggins 和 Kraemer 方程由外推浓度 c 至零计算 $[\eta]$：

$$\eta_{sp}/c = [\eta] + k'[\eta]^2 c \tag{5.1}$$

$$\ln \eta_{r/c} = [\eta] - \beta[\eta]^2 c \tag{5.2}$$

其中，k' 和 β 为聚合物在某温度下某溶剂中的常数，η_{sp}/c 为比浓黏度，$(\ln\eta_r)/c$ 为比浓对数黏度。

4. 尺寸排除色谱和光散射仪联用（SEC-LLS）

采用尺寸排除色谱和光散射仪联用装置（SEC-LLS）测定试样的重均分子质量（M_w）、均方根旋转半径（$<s^2>_z^{1/2}$）及多分散系数（M_w/M_n）。激光光散射仪为美国 Wyatt 技术公司 DAWN®DSP 多角度激光光散射仪，波长为 633nm。真菌多糖及其硫酸酯衍生物溶于 0.15mol/L NaCl 水溶液中，分别配制其浓度为 2mg/mL，搅拌 24h 使其充分溶解。测量前溶液和溶剂都经过光学纯化［用 0.25μm 滤膜过滤（PTFE, Puradisc 13-mm Syringe Filters, Whatman, England）］。流动相为 0.15mol/L NaCl 水溶液（用 0.25μm 滤膜过滤除尘，并且用超声发生器脱气）。测试温度 25℃，进样量 100μL，流速 0.6mL/min。示差折光指数增量（d_n/d_c）用示差折光仪（OptilabT-rEX, Wyatt Technology Co., SantaBarbara, CA, USA）于 633nm 和 25℃测量。真菌多糖及其硫酸酯衍生在 0.15mol/L NaCl 水溶液中的 dn/dc 值分别为 0.138mL/g。Astra 软件（Version 4.72）用于散射信号采集和数据分析。

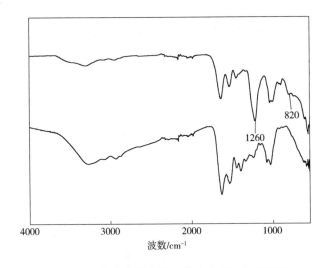

图 5.1 杏鲍菇胞外多糖及其硫酸酯红外光谱图

对杏鲍菇多糖及其硫酸酯衍生物的 FTIR 光谱示如图 5.1 所示。杏鲍菇多糖的红外谱图在 1250cm^{-1}、1400cm^{-1}、1650cm^{-1} 和 3400cm^{-1} 处显示多糖特征吸收峰。与未取代的杏鲍菇多糖相比，硫酸酯衍生物的 FTIR 光谱在 1260cm^{-1}

和 820cm^{-1} 处出现了两个新吸收峰，它们分别对应于 S═O 不对称伸缩振动和 C—O—S 对称振动吸收峰，由此表明已成功合成出硫酸酯衍生物。

多糖的生物功能基本都需要在溶液环境中实现，所以研究其在水溶液中的分子构象对于弄清其生物功能的作用机制具有深远意义。在各种生物活性的测试中，生理盐水（0.9% NaCl 水溶液）作为一种生理介质广泛使用。因此，我们选择生理盐水体系为溶剂，研究杏鲍菇多糖及其硫酸酯衍生物在该水体系中的重均分子质量（M_w）、均方根旋转半径（R_g）、多分散系数（M_w/M_n）等分子参数。结果如表 5.2 所示，杏鲍菇多糖在衍生化之后分子质量大大降低，从 85 万降至 32.2 万，但是分子尺寸却有所增加，从 23.2nm 增加到 52nm，黏度也略增加。分子质量的降低说明，衍生化的过程中多糖分子发生了降解，导致分子链部分断开。但是分子链断开之后，分子尺寸却有所增加，说明多糖在衍生化之后，分子链在盐水溶液中更加舒展，链段由原来较为致密的结构打开导致分子尺寸增加，链段的舒展也导致了多糖溶液黏度增加。多分散系数增加，也说明了多糖在衍生化之后发生断链导致分散程度增加，分子质量分布更广，示意图如图 5.2 所示。

表 5.2　杏鲍菇多糖及其硫酸酯衍生物在 0.1mol/L NaCl 水溶液中的分子参数以及硫酸酯衍生物的取代度

样品	In 0.1 M NaCl				硫含量/%	DS
	$M_w \times 10^{-4}$	$\langle s^2 \rangle_z^{1/2}$ /nm	M_w/M_n	[η] /(cm^3/g)		
Fr-1	85	23.2	1.32	101.2	—	—
SF-1	32.2	52	1.51	133.2	16.5	1.76

注：M_w 指重均分子量，$\langle s^2 \rangle_z^{1/2}$ 指均方根旋转半径，[η] 指黏度，硫含量指硫酸基含量，DS 指硫酸根取代度。

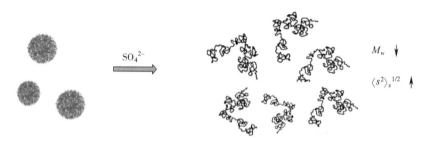

图 5.2　硫酸酯化诱导的 Fr-1 到 SF-1 的构象转变示意图

5.3 真菌多糖及其硫酸酯的抗氧化能力

(1) 水杨酸法测定真菌胞外多糖及其多糖硫酸酯清除·OH 的能力 采用水杨酸法测定真菌胞外多糖及其硫酸酯清除·OH 的能力，其反应体系中含有 2mL 8.8mmol/L H_2O_2、2mL 9mmol/L $FeSO_4$、2mL 9mmol/L 水杨酸-乙醇溶液，以及不同质量浓度的待测试验样品 2mL，最后加入 H_2O_2 振荡摇匀，启动反应体系，置于 37℃下反应 30min。以蒸馏水调零，在 510nm 下测定吸光度。为了清除待测样试验品溶液本身颜色对试验测定的干扰，以蒸馏水代替 H_2O_2 进行测定。真菌胞外多糖及其硫酸酯对·OH 的清除率公式：·OH 清除率=$[A_0-(A_x-A_{x0})/A_0]\times100\%$。其中，$A_0$ 为空白对照组的吸光值；A_x 为加入待测试验样品后试验组的吸光值；A_{x0} 为不加显色剂 H_2O_2 的样品溶液本身的吸光值。

(2) DPPH 法测定真菌胞外多糖及其硫酸酯清除·DPPH 的能力 采用 DPPH 法测定真菌胞外多糖及其硫酸酯清除·DPPH 的能力，将 2mL 待测试验样品溶液、2mL 质量浓度为 0.1g/L 的·DPPH 50%乙醇溶液先后加入试管中，振荡摇匀，25℃反应 1h，以 50%乙醇溶液为空白对照，在 517nm 波长处测定其吸光值 A_i；将 2mL 蒸馏水、2mL 质量浓度为 0.1g/L 的·DPPH 50%乙醇溶液先后加入试管中，振荡摇匀，25℃反应 1h，以 50%乙醇溶液为空白对照，在 517nm 波长处测定其吸光值 A_0；将 2mL 待测试验样品溶液、2mL 50%乙醇加入试管中，振荡摇匀，25℃反应 1h，以 50%乙醇溶液为空白对照，在 517nm 波长处测定其吸光值 A_j。真菌胞外多糖及其硫酸酯对·DPPH 的清除率公式：·DPPH 清除率=$[1-(A_i-A_j)/A_0]\times100\%$。

如图 5.3 所示，在实验浓度范围内，杏鲍菇胞外多糖硫酸酯对·OH 的清除率要远远大于衍生化之前的多糖，说明硫酸根的引入，取代原有的羟基，改变了多糖的构象，使多糖分子链更为舒展，进而引起其抗氧化活性的变化。当杏鲍菇胞外多糖硫酸酯的质量浓度达到 1.6g/L 时，其对·OH 的清除率达 65%。多糖对·OH 的清除效果一般是通过自身的不饱和基团，例如醛基等来实现的，硫酸酯化之后，多糖链更为舒展，使其大量活性基团暴露出来，这可能是导致其清除·OH 能力提升的重要原因。

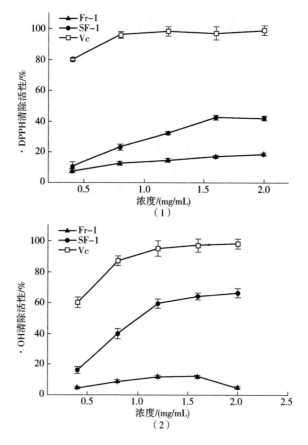

图 5.3　Fr-1、SF-1 和维生素 C（Vc）对 DPPH（1）和 OH（2）自由基的清除活性

5.4　小　　结

利用水提醇沉法从杏鲍菇真菌发酵液中提取了胞外多糖,对硫酸酯化方法进行了优化,最终采用氯磺酸-吡啶法对其进行硫酸酯化修饰,采用硫酸钡浊度法测得杏鲍菇硫酸酯硫酸基含量 16.5%,取代度为 1.76。利用红外光谱技术分析证明了杏鲍菇多糖修饰后含有硫酸根基团,结果证明多糖硫酸酯化成功。通过光散射方法证明了,杏鲍菇多糖硫酸酯化之后,分子质量降低,分散度增加,分子半径增加。说明衍生化过程中多糖分子发生降解,并且衍

5　杏鲍菇多糖硫酸酯化条件优化及抗氧化活性

生化之后多糖分子链变得更加舒展。通过比较分析杏鲍菇发酵胞外多糖及其硫酸酯的抗氧化活性，硫酸酯化能大大提升其抗氧化活性，说明硫酸根的引入导致了多糖构象发生了变化，可以大大提升杏鲍菇胞外多糖的生物活性，为其进一步的生物医药价值提供一定的前景。

6 大球盖菇的硫酸酯化及抗氧化、抗菌活性

6.1 胞外多糖化学结构分析

对大球盖菇发酵胞外多糖及其硫酸酯进行红外光谱检测得到红外光谱图,如图6.1所示。

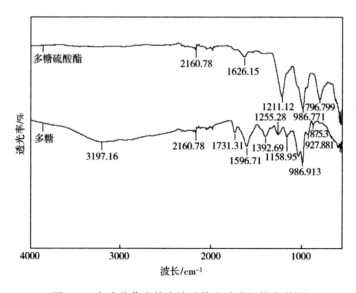

图6.1 大球盖菇胞外多糖及其硫酸酯红外光谱图

由大球盖菇胞外多糖红外图谱可以看出,3197cm^{-1}处为O—H的伸缩振动吸收峰,2160cm^{-1}处较弱的吸收峰是由C—H的伸缩振动引起的,1731cm^{-1}是C=O伸缩振动引起的,1596cm^{-1}处吸收峰是由C=O非对称伸缩振动引起的;1392cm^{-1}附近吸收峰是C—H的变角振动造成的,1255cm^{-1}处为C—O伸缩振动吸收峰,以上这些吸收峰都是多糖的特征吸收峰;1158cm^{-1}处吸收峰

为醚键（C—O—C）的伸缩振动造成的，是吡喃糖环的特征吸收；875.3cm^{-1}附近出现的吸收峰，是甘露糖的特征吸收峰。927cm^{-1}是 α-吡喃环糖苷键的特征吸收峰。综上所述，该胞外多糖是一种 α-吡喃环甘露聚糖。

对比未修饰的大球盖菇胞外多糖的红外光谱图可见，硫酸化修饰后的大部分特征吸收峰都发生不同程度的移动，这说明胞外多糖分子中有新基团的引入。大球盖菇胞外多糖硫酸酯除了保留多糖母体特征吸收峰之外，3197.16cm^{-1}左右 O—H 键的伸缩振动峰信号减弱，表明硫酸化修饰后多糖分子中羟基数目减少；1211.12cm^{-1}处吸收峰为 S =O 特征吸收峰，说明存在硫酸基；796.799cm^{-1}左右的吸收峰是由 C—O—S 的拉伸振动造成的，这些都是硫酯键的特征吸收峰，表明硫酸基已与大球盖菇胞外多糖分子结合为酯，由此表明已成功合成出硫酸酯衍生物。同样的通过采用硫酸钡比浊法测定大球盖菇胞外多糖硫酸酯的硫酸基含量为 17.95%，取代度为 2.12，取代度也是非常高的，与红外图谱数据一致，说明硫酸酯化修饰的成功。

6.2　胞外多糖及其硫酸酯的分子质量及分子参数

多糖的生物功能基本都需要在溶液环境中实现，所以研究其在水溶液中的分子构象对于弄清其生物功能的作用机制具有深远意义。在各种生物活性的测试中，生理盐水（0.9% NaCl 水溶液）作为一种生理介质广泛使用。因此，我们选择生理盐水体系为溶剂，研究大球盖菇多糖及其硫酸酯衍生物在该水体系中的重均分子质量（M_w）、均方根旋转半径（R_g）、多分散系数（M_w/M_n）和第二维利系数（A_2）等分子参数。结果如表6.1所示，从表中可以看出，大球盖菇多糖在衍生化之后分子质量大大降低，从21万降至14万，但是分子尺寸却有所增加，从26nm 增加到37nm。分子质量的降低说明，衍生化的过程中多糖分子发生了降解，导致分子链部分断开。但是分子链断开之后，分子尺寸却有所增加，说明多糖在衍生化之后，分子链在盐水溶液中更加舒展，链段由原来较为致密的结构打开导致分子尺寸增加。多分散系数增加，也说明了多糖在衍生化之后发生断链导致分散程度增加，分子质量分布更广。

表 6.1

样品	0.9% NaCl 水溶液				取代度
	$M_w \times 10^{-4}$	R_g/nm	M_w/M_n	A_2	
大球盖菇多糖	21	26	1.22	-4.8×10^{-9}	—
多糖硫酸酯	14	37	1.73	3.5×10^{-7}	2.12

第二维利系数 A_2 是直接表征溶液中高聚物与溶剂分子间相互作用程度的参数，当两者相互作用抵消时 $A_2=0$，溶剂越优良则 A_2 越大。按照高分子溶液热力学理论，A_2 一般为正值，但当高分子处于不良溶剂，或发生部分聚集时，A_2 也可能出现负值。大球盖菇多糖在衍生化前后都比较接近于零，但是衍生化前为负值，说明在盐水溶液中溶剂性稍差。多糖衍生化之后变为正值，说明多糖硫酸酯在盐水溶液中溶剂良好，证明了硫酸根的引入，使其高分子链更易与溶剂发生结合，高分子链可以更为舒展的溶解于盐水溶液之中，与前文所述分子链形态大小的变化相符。

6.3 胞外多糖及其硫酸酯抗氧化活性

如图 6.2 所示，在实验浓度范围内，大球盖菇胞外多糖对·OH 和·DPPH 的清除能力均随浓度的增大而增强；当大球盖菇胞外多糖的质量浓度达到 10g/L 时，其对·OH 的清除率达 36.0%，对·DPPH 的清除率为 23.4%。在实验浓度范围内，大球盖菇胞外多糖硫酸酯对·OH 的清除率要远远大于衍生化之前的多糖，说明硫酸根的引入，取代原有的羟基，改变了多糖的构象，使多糖分子链更为舒展，进而引起其抗氧化活性的变化。当大球盖菇胞外多糖硫酸酯的质量浓度达到 10g/L 时，其对·OH 的清除率达 69.2%。多糖对·OH 的清除效果一般是通过自身的不饱和基团，例如醛基等来实现的，硫酸酯化之后，多糖链更为舒展，使其大量活性基团暴露出来，这可能是导致其清除·OH 能力提升的重要原因。但是在实验浓度范围内大球盖菇胞外多糖及其硫酸酯对·DPPH 的清除率差别不是很大，硫酸酯的抗氧化效果只略有提升，这也可能是多糖对两种自由基的清除方式不同所引起的，后续会进一步研究其中的区别。

6 大球盖菇的硫酸酯化及抗氧化、抗菌活性

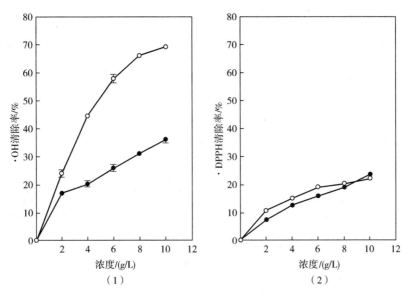

图6.2 大球盖菇胞外多糖及其硫酸酯抗氧化效果图
(● 多糖，○ 多糖硫酸酯)

6.4 胞外多糖及其硫酸酯体外抑菌活性

大球盖菇胞外多糖及其硫酸酯对大肠杆菌、枯草杆菌以及金黄色葡萄球菌等3种细菌的抑菌活性测定结果如图6.3所示。大球盖菇胞外多糖对大肠杆菌、枯草杆菌以及金黄色葡萄球菌的半抑制浓度分别为 6.8mg/mL、12.5mg/mL、12.1mg/mL。对胞外多糖进行衍生化之后，其硫酸酯衍生物对大肠杆菌、枯草杆菌以及金黄色葡萄球菌的半抑制浓度分别为 4.5mg/mL、4.7mg/mL、2.9mg/mL。可以明显看出，对大球盖菇多糖进行硫酸酯化修饰之后，半抑制浓度大大降低，尤其是对枯草杆菌以及金黄色葡萄球菌来说，半抑制浓度降低至原浓度一半以下，说明多糖硫酸酯修饰大大提升了其抑菌活性。多糖硫酸酯化之后抑菌活性的提升可能是由两方面原因造成的，一方面是多糖衍生化之后分子构象发生了变化，分子链更为舒展，可能会更加易于与细菌细胞发生相互作用；另一方面，多糖分子链上引入硫酸基团，导致负电荷增加，更易通过静电作用与细菌细胞膜表面结合，可能改变了细菌细胞的电导率和介电常数，从而影响细菌细胞的信号传导，进而影响细菌的生长发育。

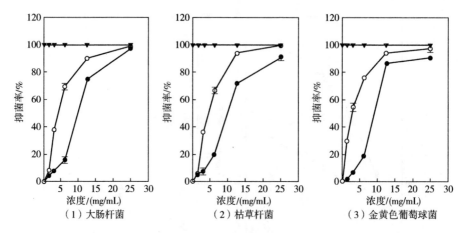

图 6.3　大球盖菇胞外多糖及其硫酸酯体外抑菌活性效果图
(● 多糖, ○ 多糖硫酸酯, ▼ 抗生素)

6.5　小　结

　　本工作利用水提醇沉法从大球盖菇真菌发酵液中提取了胞外多糖,并采用氯磺酸-吡啶法对其进行硫酸酯化修饰,采用硫酸钡浊度法测得大球盖菇硫酸酯硫酸基含量 17.95%,取代度为 2.12。利用红外光谱技术分析证明了大球盖菇多糖修饰后含有硫酸根基团,结果证明多糖硫酸酯化成功。通过光散射方法证明了,大球盖菇多糖硫酸酯化之后,分子质量降低,分散度增加,分子半径增加。说明衍生化过程中多糖分子发生降解,并且衍生化之后多糖分子链变得更加舒展。通过比较分析大球盖菇发酵胞外多糖及其硫酸酯的抗氧化活性和抑菌活性发现,硫酸酯化能大大提升其抗氧化活性和抑菌活性,说明硫酸根的引入导致了多糖构象发生了变化,可以大大提升大球盖菇胞外多糖的生物活性,为其进一步的生物医药价值提供一定的前景。

第三部分
蕈菌多糖基纳米材料的制备及生物活性

7
利用真菌多糖合成对人体细胞低毒性的氧化锌纳米粒子

纳米材料，尤其是金属纳米材料，由于其独特的物理和化学性质如光学、光电子效应、催化活性、纳米支撑、稳定性和生物相容性，近年来被广泛用于催化、化学/生化传感、光电材料、生物技术、食品包装和储存、个人护理产品以及环保技术。一般来说，大多数先进材料的制备过程中具有一定的缺点比如使用过量溶剂、高温度或压力、昂贵的试剂（例如，贵金属）和危险化学品或苛刻的反应条件。因此，近年来，我们致力于通过设计合成绿色环保的纳米材料，以实现更加环保以及生物相容良好的材料或产品。

生物大分子具有生物活性和良好的生物相容性，因此是稳定纳米粒子的最佳方法之一。利用生物大分子合成和分散纳米材料包括金属和金属氧化物纳米粒子以及广泛地应用于催化、传感、药物输送和吸附等领域。最重要的是，它们比传统的纳米材料具有更好的生物相容性。事实上，大量的研究致力于纳米材料潜在的生物毒性，最近研究表明纳米粒子可能会导致过量的活性氧（ROS）。例如，研究证明 TiO_2 纳米颗粒的细胞毒性就是由过氧化应激导致 DNA 损伤和增加 DNA 突变频率。随着纳米材料越来越多在日常生活中应用，了解它们对人体细胞中作用以及它们的毒性是目前的研究热点。比如，ZnO 和 TiO_2 纳米颗粒是目前常用于隔离紫外线及防晒产品中（例如，面霜，美容护理，清漆保护木材等）然而，只有少量的工作研究它们与皮肤和/或人体细胞的相互作用（例如，在摄取期间或长期重复接触过程中迁移到内部器官）。ZnO 和 TiO_2 纳米颗粒已广泛应用在光催化领域进行了研究，特别是 ZnO 纳米粒子已被证明具有一定的细胞毒性。纳米 ZnO 具有类似于 TiO_2 的功能，在光催化下会产生过量的 ROS 进而损伤细胞内蛋白质、脂质和 DNA。最近的研究也表明 ZnO 纳米粒子也表现出优先杀死癌细胞的能力，有希望作为新型癌症治疗方式，即所谓的光热疗法（PDT）。PDT 具有更好肿瘤组织靶向性，与化疗和放射治疗相比副作用更少。在此基础上，本工作旨在从真菌微生物中提取的多糖用于纳米颗粒载体和合成模板，并证明利用多糖合成的新型 ZnO 纳米材料的生物相容性较好，以便于其进一步应用于生物医用领域。

7.1　ZnO-多糖纳米复合物的合成及表征

7.1.1　ZnO-多糖纳米复合物的合成方法

采用的多糖为几种真菌的胞外多糖：Abortiporus biennis（PS1），Lentinus tigrinus（PS2），Rigidoporus 微孔（PS5）和银杏多孔菌胞外多糖（PS10），提取纯化方法如前部分所示。纳米材料合成采取球磨法，合成纳米材料前体为 $Zn(NO_3)_2 \cdot 6H_2O$，多糖和前体质量比为 2∶1，混合均匀加入 125mL 球磨机不锈钢容器中，采用 18 个直径为 1cm 的不锈钢球，在 350r/min 下球磨 30min。球磨后干燥 24h，然后转移至陶瓷容器，在空气中 600℃下煅烧 3h 去除未结合的多糖。所得复合材料根据所用多糖的类型进行标记 PS1-ZnO，PS2-ZnO，PS5-ZnO 和 PS10-ZnO。

7.1.2　ZnO-多糖纳米复合物的表征

样品通过 Siemens D-5000（40kV，30mA）测定 XRD 谱，光源为 Cu Kα（λ = 0.15418nm），扫描范围为 2θ 角从 10°到 80°，步长为 0.018°。每步计时 20s。

纳米材料的尺寸和形态是用电子显微镜研究。扫描电子显微镜（SEM）和元素分析采用 JEOL 173 JSM-6300 扫描显微镜，具有 X 射线能谱（EDX），加速电压为 20kV。样品用 Au/Pd 涂覆，涂层厚度达 7-177nm。透射电子显微镜（TEM）利用 JEOL JEM-2010HR 分析，加速电压为 300kV。样品悬浮在乙醇中，直接沉积在铜网上。

红外漫反射（DRIFT）采用 FTS 6000 Bio-Rad 分析仪，分辨率高达 0.15cm^{-1}。扫描范围为 4000~650cm^{-1}，扫描速度为 0.20/(cm/s)。

如图 7.1 所示，ZnO-多糖纳米复合物的 DRIFT 吸收谱表明即便在煅烧之后还有部分多糖结合在纳米材料表面。图中明显存在多糖的特征吸收峰—OH（3500cm^{-1}左右）和 C=C（2300cm^{-1}左右），说明部分多糖络合了 Zn 粒子，形成强烈的配位共价键，在加热煅烧的过程中未被除去。元素分析结果也表面纳米复合材料中的 C 含量略低于 10%，也证明了纳米材料中仍有部分多糖。这些结果与报道结果一致，多糖可以和锌前体发生化学反应。另外图谱中还包括 C—O 和 C=O 吸收峰，说明氧化物可能是在球磨期间或在加热期煅烧形

7 利用真菌多糖合成对人体细胞低毒性的氧化锌纳米粒子

成。如图 7.2 所示的不同多糖参与合成的纳米材料的 SEM 显微照片。样品之间形貌差异不大，这些纳米复合材料均表现出一种多孔聚集体结构 [10~50μm，图 7.2（4）]，其形貌与之前报道的海藻酸和淀粉合成的 ZnO 纳米粒子结构类似。

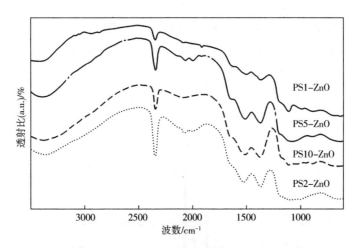

图 7.1 不同 ZnO-多糖纳米复合物的 DRIFT 图谱

图 7.2 不同 ZnO-多糖纳米复合物的扫描电镜图

[图（1）~（4）依次为 PS1-ZnO，PS2-ZnO，PS5-ZnO，PS10-ZnO]

利用 X 射线衍射（XRD）检测了 ZnO-多糖纳米复合物的晶体结构。如图 7.3 所示出了不同纳米复合物的衍射图谱。所有图案都纤锌矿晶体结构的特征衍射峰，证明所有 ZnO-多糖纳米材料具有极其相似的结晶结构。有趣的是，与典型的纤锌矿 ZnO 相比 [a=3.24；c=5.20（1）] 纳米复合材料的晶格间距 [a=2.79；c=4.48（1）] 明显变小，也说明了多糖参与了纳米晶体的合成，导致其结构发生变化。另外图中看出其他衍射吸收峰（例如，2θ=32 和 47），对应于存在的其他元素也就是来自多糖中的杂质包括 Ca，Si 和 Al 等。

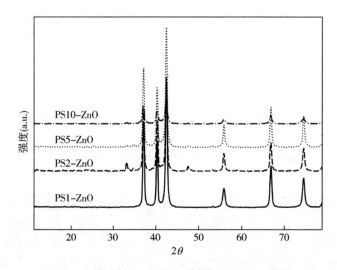

图 7.3　不同 ZnO-多糖纳米复合物的 XRD 图谱

如图 7.4 所示为纳米复合材料的透射电镜图，证明所有纳米复合材料均具有均匀的粒径，直径约在 20nm 和 40nm 之间 [图 7.4（2），（3）]。EDX 分析结果表明不同纳米复合材料中的含碳量有所区别，其中 PS1-ZnO 含碳量最低，约为 5%，PS10-ZnO 含碳量最高，约为 9.8%，另外两种介于之间。加上其他微量元素 Ca，Si，Al 和 Cl 等，我们合成的 ZnO 纳米粒子的纯度大约为 88%~94%，比市售纯的 ZnO 纳米粒子纯度低 5%~10%。

7 利用真菌多糖合成对人体细胞低毒性的氧化锌纳米粒子

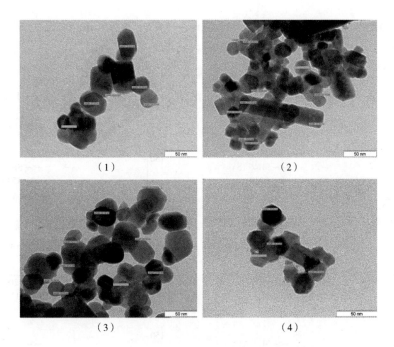

图 7.4　不同 ZnO-多糖纳米复合物的透射电镜图
[图（1）~图（4）依次为 PS1-ZnO，PS2-ZnO，PS5-ZnO，PS10-ZnO]

7.2　纳米材料的细胞毒性研究

（1）细胞培养　本研究中使用的两种人细胞系（A549 和 SH-SY5Y）获自美国保藏中心（马纳萨斯，弗吉尼亚州，美国）。A549 肺腺癌细胞系培养基为 Ham's F-12K。SH-SY5Y 人神经母细胞瘤细胞系培养基为 MEM，补充 1% MEM 非必需氨基酸和 L-谷氨酰胺（2mmol/L）。两种细胞系培养基中均含 10%（体积分数）的胎牛血清，10U/mL 青霉素和 100μg/mL 链霉素。细胞置于培养箱中培养，温度 37℃，5% CO_2。

（2）细胞存活率的检测　采用 MTT 法测定细胞存活率。用胰酶消化贴壁细胞 3min，重悬后以每孔 10000 个细胞接种于 96 孔培养板，置于培养箱中（37℃，5% CO_2）。孵育 24h 后，用 PBS 清洗两次再每孔加入 200μL 新鲜培养基，实验组每孔加 20μL 不同浓度的试样孵育 24h、48h 或 72h 后，每孔加入 20μL MTT（5mg/mL）溶液，继续放于培养箱中孵育 4h，弃上清液，每孔加入 200μL DMSO，振荡混匀，待紫色结晶充分溶解后，用自动酶标仪(FLUOstar OPTIMA,BMG,Germany)检测490nm处比色检测每孔光强度(OD)值。细胞的存活率通过($OD_{490,sample}/OD_{490,control}$)×100%计算,$OD_{490,sample}$为加入试样的各实验组的光强度,$OD_{490,control}$为对照组(PBS)的光强度。EC50(50%有效浓度)采用GraphPad Prism v4.0软件计算得出。

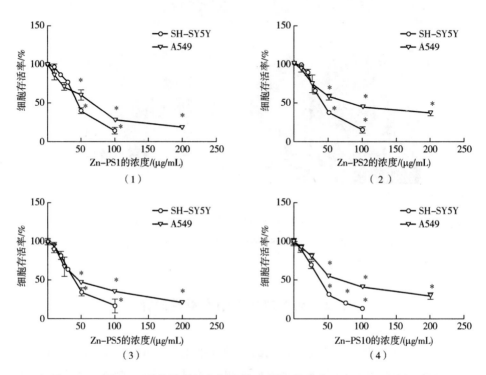

图7.5 不同ZnO-多糖纳米复合物[图1~图4依次为PS1-ZnO,PS2-ZnO,PS5-ZnO,PS10-ZnO]对两株细胞(A549和SH-SY5Y)的毒性

我们采用MTT法测定不同ZnO-多糖纳米复合物的细胞毒性。加样处理24h,不同的纳米复合物(10~200μg/mL)的细胞毒性示于图7.5中。有趣的是,PS-ZnO材料诱导的对SH-SY5Y和A549细胞毒性剂量依赖性在浓度高于$50\mu gmL^{-1}$后才具有统计学意义($p<0.001$),低于$50\mu gmL^{-1}$均未显示明显细胞毒性。半抑制浓度EC50值之间没有显著差异,均大于文献报道的氧化锌纳米粒子,说明我们合成的ZnO-多糖纳米复合物具有较好的生物相容性。

7 利用真菌多糖合成对人体细胞低毒性的氧化锌纳米粒子

7.3 纳米粒子在培养基中的释放行为研究

为了检验不同类型的 ZnO-的溶解多糖纳米复合物在细胞培养基中的浓度，使用电感耦合等离子体-质谱法（ICP-MS）定量检测 ZnO-多糖纳米复合物释放的锌离子浓度。首先，将浓度不同的 ZnO-多糖纳米复合物分别溶于 A549 和 SH-SY5Y 两种细胞的培养基中（表7.1），置于培养箱中（37℃，5% CO_2），孵育24h。然后等分试样（1mL）取出，离心（15000g, 20min），上清液引入微量石英采样管，使用10%硝酸消化样品。上样检测 Zn^{2+} 浓度，检测仪器为（PerkinElmer Elan 6000），仪器检测限为 $0.02\mu g/mL$。

表7.1 不同的 ZnO—多糖纳米复合物在 A549 和 SH-SY5Y 细胞培养基中释放的锌离子浓度

A549 细胞培养基			
ZnO—多糖纳米复合物在培养基中的浓度	10μ/mL	100μ/mL	200μ/mL
PS1-ZnO 的锌离子释放浓度(μg/mL)	6.6±0.7	31.9±0.3	66.7±5.3
PS2-ZnO 的锌离子释放浓度(μg/mL)	7.5±0.7	29.2±1.4	29.2±1.0
PS5-ZnO 的锌离子释放浓度(μg/mL)	8.9±0.9	28.2±2.1	33.7±0.5
PS10-ZnO 的锌离子释放浓度(μg/mL)	5.8±1.1	20.6±4.5	26.8±1.0
SH-SY5Y 细胞培养基			
ZnO—多糖纳米复合物在培养基中的浓度	10μ/mL	100μ/mL	200μ/mL
PS1-ZnO 的锌离子释放浓度(μg/mL)	7.2±0.8	13.9±0.6	15.1±1.6
PS2-ZnO 的锌离子释放浓度(μg/mL)	6.3±0.6	14.3±0.7	14.2±1.0
PS5-ZnO 的锌离子释放浓度(μg/mL)	8.3±0.9	14.2±1.4	17.1±2.8
PS10-ZnO 的锌离子释放浓度(μg/mL)	4.7±0.6	11.9±0.1	13.3±1.4

注：结果为三次实验平均值±SD。

如图7.5所示 PS2-ZnO（来自 Lentinus tigrinus）和 PS10-ZnO（来自银杏多孔菌）对 A549 细胞的毒性明显较低。其毒性的差异可能是这两种 ZnO 多糖复合物在其细胞培养基中释放的游离 Zn^{2+} 较少所导致（ICP-MS 测量结果如表7.1所示）。值得注意的是锌粒子在 A549 细胞培养基中的释放浓度相对高于 SHSY5Y 细胞培养基，特别是在较高的剂量下。在任何情况下，PS10-ZnO

在两者中都表现出最低的锌粒子释放浓度,而 PS1-ZnO 和 PS5-ZnO 在高浓度下分别在 A549 和 SH-SY5Y 细胞培养基中均释放出较多的锌离子。这些 Zn^{2+} 释放值与可能与纳米复合物中的 C 含量相关,具有 PS10-ZnO 和 PS2-ZnO(较高的 C 含量)表现出前所未有的低毒性可能与这些材料中 Zn^{2+} 释放减少有关(表4)。Zn^{2+} 浓度的增加可以相关降低细胞活力(增加毒性)。Zn 是很多酶(如乙醇脱氢酶,基质金属蛋白酶)和转录因子(如锌指蛋白)转录因子重要组成成分。因此,细胞锌粒子浓度的体内平衡被破坏会导致细胞毒性。过高的锌离子浓度可能会导致细胞内氧化应激,进而导致细胞凋亡。

7.4 小　　结

在该研究中,合成了不同的具有良好生物相容性的多糖-ZnO 纳米复合物。研究表明,合成的纳米粒子大小约为 30nm,纳米复合物中含有少量碳元素。值得注意的是,合成的多糖-ZnO 纳米复合物对的人细胞系(A549 和 SH-SY5Y)表现出前所未有的低毒性。其中 PS2-ZnO 和 PS10-ZnO 显示出最低的细胞毒性可能与其含碳量较高相关(可能会导致 Zn^{2+} 缓慢释放到培养基中)。通过 XPS,DRIFT 等方法证明了 PS-ZnO 中存在有不同的表面官能团,也可能会导致其被细胞摄入的途径发生变化。但是,纳米粒子细胞毒性可能与其各种参数(即纳米粒子大小,晶体结构,形状等)相关,机理非常复杂。我们将进一步提供不同的多糖-ZnO 的细胞毒性机理研究。

8
多糖基金纳米合金粒子的制备

金属纳米粒子，尤其是金纳米粒子（AuNPs），由于其独特的物理和化学性质如光学、光电子效应、催化活性、纳米支撑、稳定性和生物相容性，近年来广泛用于催化、化学/生化传感、光电和生物技术。常见的金纳米粒子的合成方法主要有湿法还原、热分解、飞秒激光烧蚀、紫外线照射、超声法、水解法和两相反应等。其中，湿法还原（例如，用柠檬酸钠高温还原氯金酸制备金纳米粒子）是应用最广泛的方法。据文献报道，迄今为止合成金属纳米粒子常使用的还原剂主要有肼、硼氢化钠（$NaBH_4$）和二甲基甲酰胺（DMF）；这些试剂都有潜在的环境和生物危害。因此许多努力致力于发展"绿色"可行的方法合成金属纳米粒子，包括金纳米粒子。例如，Raveendran等报道了一种简单和绿色的方法，他们用葡聚糖作为还原剂来合成金属纳米粒子，包括金、银和金-银合金等纳米粒子。Huang等用壳聚糖分散制备了金纳米粒子，而最近报道环糊精也可以和金纳米粒子形成超分子结构。

金属纳米粒子由于其表面具有较高的自由能，如果没有较好的分散试剂的话会非常容易聚集。因此，不同的方法也已用于防止纳米粒子聚集，比如自组装单分子膜、"盖帽"试剂封装、分散于聚合物基质中等。其中，生物大分子具有潜在的生物活性和良好的生物相容性，因此是稳定纳米粒子的最佳方法之一。最近，我们成功地使用水溶性超支化多糖作为包合试剂成功分散了硒纳米粒子。评价一种合成方法是否环境友好主要有三点，包括用于合成的溶剂、还原剂和稳定剂是否都是稳定的无毒材料。例如 β-D-葡萄糖已被用作还原剂和淀粉作为稳定剂来合成和稳定金纳米粒子。最近，Chung等人用环糊精（CD）在水溶液中还原并稳定分散金纳米粒子形成超分子自组装结构，只需要通过热处理，无需添加还原剂。即 CD 不仅是一种还原剂，而且是稳定剂。一些 β-葡聚糖也已被用作保护剂来制备金属纳米粒子，如壳聚糖、裂褶菌葡聚糖（schizophyllan）等。众所周知，单糖具有游离醛基或酮基具有还原性，而多糖只有在末端才有游离醛基或酮基，长链几乎没有还原性。但是据报道，乙二醇在高温下可以还原氯化铂和硝酸银合成 Pt 或 Ag 纳米粒子，表明羟基（OH⁻）基团表现出一定的还原性。多糖具有许多的羟基基团，但它的还原性很少被报道。因此，本工作拟研究了多糖是否能作为一种温和的还原剂和稳定剂用于在水溶液中合成及分散金纳米粒子。

香菇多糖（LNT）是从香菇子实体提取的 β-(1,3)-D 葡聚糖，主链上每隔五个 β-(1,3)-D 糖单元有两个 β-(1,6)-D 葡萄糖支链。它在水溶液中采用三螺旋构象（标记为 t-LNT），在加入二甲亚砜（DMSO）或在温度高于 135℃时变性为单股糖链（标记为 s-LNT）。s-LNT 可复性成为一个新的三螺旋（标记为 r-LNT）。已经证明，t-LNT 可以用作保护剂通过羟基和纳米银粒子表面之间的相互作用在水溶液中来稳定银纳米粒子。在本工作，我们以 LNT 为还原剂和稳定剂用于合成和分散金纳米粒子。提供一种绿色、简易的方法用于合成和稳定分散金属纳米粒子。

8.1　金纳米材料的制备及结构表征

香菇多糖（LNT），用 1.25M 的 NaOH 溶液和 0.05% 的 NaBH₄ 溶液从香菇子实体中提取出来。如前所述，香菇多糖在水溶液中采用三螺旋构象，标记为 t-LNT。用光散射方法测得 t-LNT 的分子质量为 8.0×10^5。氯金酸（HAuCl₄）购自上海国药试剂厂。实验中用到的水均为去离子水。将 t-LNT 溶于水中，高温 140℃加热半个小时，破坏三螺旋链间的氢键，得到单股糖链，并标记为 s-LNT。高温下得到的不同浓度（1.0mg/mL 到 10.0mg/mL）的 s-LNT 淬冷至所需要的反应温度（100℃或者室温），马上加入相应体积的氯金酸溶液（0.2mg/mL）反应不同的时间后得到不同性质的金纳米粒子用于进一步表征。同样的，不经高温处理的 t-LNT（浓度为 6.0mg/mL）也用于还原氯金酸制备相应的金纳米粒子溶液作为对照。金离子的还原过程用紫外光谱表征（UV-6100PCS），扫描范围为 200～700nm。金纳米粒子的形貌用透射电镜（TEM，JEM-2010HT）和高倍透射电镜（HRTEM，JEM-2010FEF）观测。分别去 2μL 多糖/金纳米粒子复合物溶液滴加到铺有碳膜的铜网上，待干燥后在 200kV 的电压下观察。同样的样品，在高倍电镜下取相应的微区进行 EDX 表征。

众所周知，金属纳米粒子的大小、形状和表面构型是影响其物理化学性质（比如光学，导电性等）的关键因素。随着其形状不一，金属纳米粒子会显示不同的颜色；比如，相对于金离子呈现金黄色；金纳米粒子呈球形时显示酒红色；而棒状或者带状的金纳米粒子会显示蓝色（长宽比2~3）或者黑色（长宽比3以上）。因此，我们可以根据溶液的颜色直观地判断是否生成金纳米粒子以及纳米颗粒的形状。如图8.1（1）所示，氯金酸溶液呈淡黄色，而s-LNT和t-LNT参与反应后得到了不同颜色的溶液，表明金离子被两种不同构象的香菇多糖还原得到了金纳米粒子（酒红色金纳米粒子直径大约10~20nm，金纳米粒子粒径增加或者有聚集情况发生向紫蓝色变化）。紫外光谱中，金纳米粒子在500~600nm处有表面等离子共振吸收峰（SPR），相对于氯金酸溶液，加入多糖之后产生的吸收峰表明溶液中生成了金纳米粒子。从而证明不需要另加还原剂，不管是单链或是三螺旋链的香菇多糖均具有还原性并且能作为分散剂分散金纳米粒子。两种构象的香菇多糖还原制备的金纳米粒子具有较大的颜色差别，表明得到的两种金纳米粒子的大小形状可能不同。为此我们用透射电镜观察了两种金纳米粒子的形貌。如图8.1（2），（3）所示为t-LNT，s-LNT还原制备的金纳米粒子形貌。可以明显看出由s-LNT制备的金纳米粒子粒径更加均一，没有出现聚集现象。而且s-LNT还原氯金酸时，溶液颜色大约在30s后即出现颜色变化，反应速度较快。所以s-LNT是最为合适的还原剂和稳定剂，在下面的研究中，主要用s-LNT用于研究浓度，反应温度，反应时间对于金纳米粒子形貌的影响。

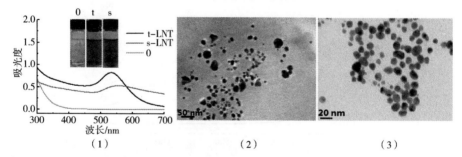

图8.1 氯金酸溶液（0.1mg/mL）和t-LNT or s-LNT（3.0mg/mL）溶液反应物的红外吸收光谱

插图中"0"表示只有氯金酸溶液，"t"和"t-LNT"表示氯金酸溶液被三螺旋香菇多糖在100℃还原30min，"s" and "s-LNT"表示氯金酸溶液被三螺旋香菇多糖在100℃还原30min。（2）和（3）为氯金酸溶液被三螺旋香菇多糖在100℃还原30min合成所得纳米金粒子的透射电镜图

8.2　s-LNT 的浓度对氧化还原反应以及金纳米粒子形貌的影响

如图 8.2 所示，在 100℃下，加入氯金酸反应 15min 后，随 s-LNT 浓度的变化得到了相应的不同颜色的金纳米粒子溶液。当 s-LNT 的浓度为 0.5mg/mL 时，大约 10min 后出现浅蓝色；s-LNT 浓度为 1.0mg/mL 时，5min 后出现浅蓝色；s-LNT 浓度增加到 2.5mg/mL 时，溶液颜色在 2~3min 内变为紫色，之后变为紫红色；当 s-LNT 浓度为 5.0mg/mL 时，随着氯金酸的加入，溶液颜色马上变为红色。多糖浓度的增加导致反应溶液颜色变化的速度加快，表明反应速度也加快。同样的，从紫外光谱中可以看出，在 500~600nm 处出现了金纳米粒子的特征吸收峰；随 s-LNT 浓度的增加，峰值向低波长位移并且峰形变窄，表明金纳米粒子的粒径发生了变化。一般来说，颗粒越均一、粒径越小的金纳米粒子，其紫外吸收峰越靠向 525nm，并且峰形越窄。

为了进一步证明我们得到的金纳米粒子的形貌，将 0.5mg/mL、2.5mg/mL 和 5.0mg/mL 三种浓度还原制备的金纳米粒子用于透射电镜表征，结果如图 8.3 所示。

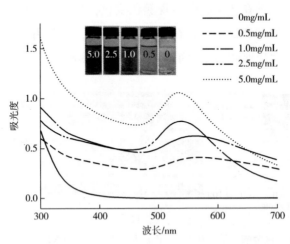

图 8.2　不同多糖浓度下，还原制备的金纳米粒子溶液颜色和红外图谱

有趣的是在低浓度（0.5mg/mL）时，金纳米粒子呈现带状结构 [图 8.3(1)]，宽度大约为 10~15nm；香菇多糖浓度增加至 2.5mg/mL 时开始出现带状和球形共存 [图 8.3(2)]；而高浓度下，金纳米粒子完全呈现为球形 [图

8.3（3）〕，其粒径分布如图 8.3（4）所示，平均粒径大约为 18nm，并且只有 5%左右的金纳米粒子粒径超过了 40nm。金纳米粒子形貌的变化与溶液颜色的变化一致，低浓度下浅蓝色的为带状的金纳米粒子；而球形的金纳米粒子对应高浓度下反应生成的红色溶液。综上可知 s-LNT 的浓度不仅可以影响反应速度，而且可以影响生成的金纳米粒子形状。由此，我们可以控制 s-LNT 的浓度制备不同形状的金纳米粒子。

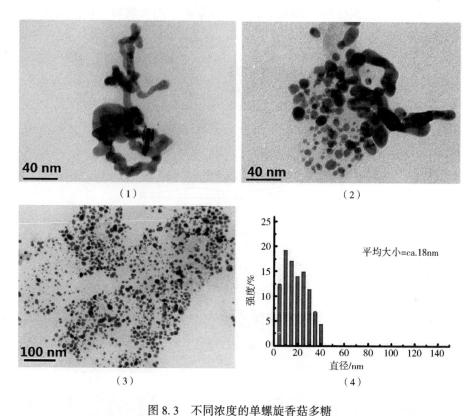

图 8.3　不同浓度的单螺旋香菇多糖
（1）0.5mg/mL；（2）2.5mg/mL；（3）5.0mg/mL 还原制备的金纳米粒子的透射电镜图（反应温度 100℃，反应时间 15min）；（4）金纳米粒子的粒径分布

8.3　反应时间对金纳米粒子合成及形貌的影响

如前所述，当 s-LNT 浓度为 2.5mg/mL 时，随着反应时间的增加溶液颜色由紫色变成红色。溶液颜色的不同是金纳米粒子形貌的表观变化，表面反应时

间对金纳米粒子的形貌影响很大。为了进一步观察时间对金纳米粒子合成的影响，我们采用两种浓度研究反应时间对金纳米粒子合成以及其形貌的影响。

在低浓度下（$c_{\text{s-LNT}}=0.5\text{mg/mL}$），如图8.4（1）所示，在5~60min的反应时间内，溶液颜色由浅紫色变为紫红色，表明了金纳米粒子形貌随着时间不断变化。紫外吸收光谱也可以看出金离子浓度的下降以及金纳米粒子的生成。随着s-LNT的加入，金纳米粒子的特征吸收峰开始出现，并且不断向低波长位移，峰形逐渐变窄。200nm处为三价金离子的吸收峰，可以看出加入

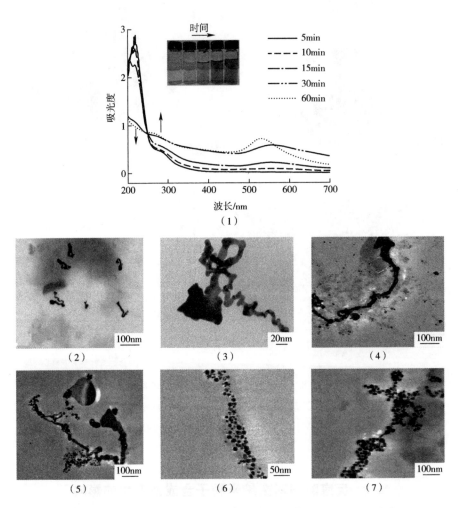

图8.4 在低浓度下（$c_{\text{s-LNT}}=0.5\text{mg/mL}$），在5~60min[（2）—5min，（3）—10min，（4）—15min，（5）—30min，（6）—60min]的反应时间内，溶液颜色、红外吸收图谱及透射电镜图；图（7）为溶液d放置30d后透射电镜图

s-LNT 后，金离子吸收峰迅速下降，表明大量金离子被还原成金纳米粒子。而 280nm 处的吸收峰归结于 LNT 的氢键和金纳米粒子表面的吸附作用。

如图 8.4（2）~（6）所示随时间的增加，金纳米粒子形状的变化过程。在 5~30min 这一段时间内，金纳米粒子主要呈带状分布（直径大约 10~20nm），伴有少量的聚集体；反应进行到 60min 后，直径在 10~20nm 左右的球形金纳米粒子出现，带状金纳米粒子消失。同样的，在反应进行 15min 后，置于室温 30d 后，带状的金纳米粒子的形状也转变为球形 [图 8.4（7）]。

我们还研究在高浓度下（5.0mg/mL），反应时间对金纳米粒子合成的影响。如图 8.5（1）所示，反应进行 30s 后，溶液开始出现浅紫色。透射电镜显示生成了一部分不是很规则的球形金纳米粒子（直径 20nm）并且有部分聚集体（大约 30nm）。随着反应时间的增加，溶液颜色变为红色，而且金纳米粒子变得更加规整，粒径分散更加均匀 [图 8.5（2）]。同样的，从紫外吸收光谱来看 [图 8.5（3）]，随着反应时间增加，金纳米粒子的 SPR 峰值增加，并且略微向低波长位移，也揭示了金纳米粒子数量的增加以及形貌更加规整。由此，增加 s-LNT 的浓度可以更快使金纳米粒子转变成规整的球形。

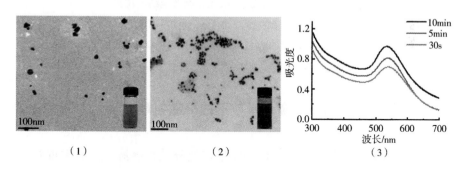

图 8.5　高浓度下（5.0mg/mL），反应时间对金纳米粒子合成的影响

8.4　反应温度对金纳米粒子合成的影响

文献报道，用环糊精还原制备金纳米粒子的时候，必须高温加热溶液以产生晶核，然后晶体才能慢慢生长。为了证明香菇多糖还原制备金纳米粒子是否需要高温成核这一过程，我们用 10.0mg/mL 的 s-LNT 溶液与同样体积的

氯金酸溶液（0.2mg/mL）混合然后置于室温下反应相应时间观测溶液颜色的变化，并进行紫外吸收和透射电镜表征。如图8.6（1）所示，可以明显看出反应24h后溶液出现紫红色，紫外光谱上500~600nm处也出现了金纳米粒子的SPR峰，表明不需要高温成核这一条件，s-LNT可以在常温下还原制备金纳米粒子，高温只是加快反应速度而已。我们用透射电镜进一步表征了常温下合成的金纳米粒子的形貌，如图8.6（2）所示，金纳米粒子呈球形且排列为纳米线状形貌，这些纳米线的走向与之前本实验报道的t-LNT的形态非常相似。图2.6（3）为相应微区的EDX谱图，也证明这些纳米线由金元素组成。

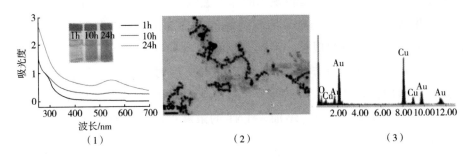

图8.6　常温下利用氯金酸还原制备金纳米粒子

(1) 为不同反应时间下溶液颜色和红外图谱，

(2) (3) 为反应24h后溶液的透射电镜图和EDX谱图

8.5　金纳米粒子的分散机理

在生物应用中，金纳米粒子是否能稳定地分散在溶液中是非常重要的一个因素。在前面提到的图2.8、图8.2和图8.4至图8.6中，反应得到的金纳米粒子溶液不管处于纳米带，纳米线或者单个的球形金纳米粒子都能稳定地分散在溶液中，没有沉淀生成。为探索金纳米粒子能均匀地分散在溶液中的原因，用高倍透射电镜观察了金纳米线的结构。如图8.7（2）所示，组成纳米线的每个金纳米粒子都有非常规整的球形结构，直径都小于15nm。EDX[图8.7（3）]谱图也可以看出微区由碳，金和氧元素组成，表明金纳米线结构是由香菇多糖和金组成的。不同于图8.5（2）中的金纳米粒子呈现无规分布，经过室温放置7d处理后，金纳米粒子会形成线状结构。文献报道，常见的三螺旋葡聚糖有裂褶菌葡聚糖（schizophyllan），硬葡聚糖（scleroglucan），卡得胶（curdlan）。它们的三螺旋结构是通过不同多糖链上葡萄糖单元疏水面的2-OH基团间的氢键网络形成内部的螺旋空腔而稳定，6-OH一侧指向外侧显示亲水性。这种由氢键和疏水相互作用形成的多糖三螺旋结构能被强极性溶剂（如，二甲亚砜，NaOH等）或高温处理破坏成单股无规线团链，即螺旋链多糖变性；变性后的螺旋链多糖可以在一定条件下自组装形成新的三螺旋链，即螺旋复性。而且变性后的螺旋链多糖释放出疏水和氢键作用位点（2-OH），能够与其他客体分子，如核酸、碳纳米管等，通过疏水和氢键相互作用以及伴随的尺寸识别，形成新的复合物。例如单壁碳纳米管可以被包裹进入裂褶菌多糖的螺旋空腔中形成良好分散的水溶液。文献已经报道香菇多糖可以在高温下变性为单链香菇多糖即 s-LNT，s-LNT浓度高于0.4mg/mL能复性为三螺旋链结构。因此我们可以推断还原生成的金纳米粒子（AuNPs）被包裹进复性的三螺旋多糖（r-LNT）的空腔中形成 AuNPs/r-LNT 纳米线状复合物［如图8.6（2），图8.7（2）］。为了证明这一点，我们向纳米复合物 AuNPs/r-LNT 溶液中加入极性溶剂 DMSO 破坏 r-LNT 的三螺旋结构，结果证明溶液颜色由原来的紫红色变为淡黑色并有沉淀在底部生成。从TEM图中也可以看出上清液只有少量的呈聚集状态的金纳米粒子存在。由此，我们推测多糖的三螺旋结构被破坏之后，导致其疏水空腔消失，被包裹的金纳米粒子会聚集被沉淀下来。

文献报道银纳米粒子可通过与 t-LNT 外侧的羟基相互作用而稳定分散在三螺旋多糖的外侧。那么，本研究中金纳米粒子是否也是通过羟基与金纳米粒子表面的相互作用而分布在外侧而不是分布在 r-LNT 的螺旋空腔内部呢？我们通过一个简单的萃取实验证明金纳米粒子的分布情况。文献报道，不同的配体对金纳米粒子的吸附能力排序如下：$RSH \approx RNH_2 \approx R_3P \approx RSiH_3 > RI > ROH \approx RBr$。因此我们用硫醇萃取实验来验证金纳米粒子和 LNT 复合物（AuNPs/LNT）的复合情况。三种 AuNPs/LNT 溶液通过以下方法制备：单链香菇多糖 s-LNT 制备方法如实验部分所述，用高浓度单链多糖在100℃下还原氯金酸30min后，置于室温下3d待单链多糖复性成三螺旋链（r-LNT）后制备得到纳米复合物，标记为 $AuNPs/r\text{-}LNT$（$c_{s\text{-}LNT} - 3mg/mL$）；同样的，用低浓度的 s-LNT（$c_{s\text{-}LNT} = 0.5mg/mL$）高温反应30min后置于室温下，由于多糖浓度较低不能复性，得到的产物标记为 AuNPs/s-LNT；第三种直接用 t-

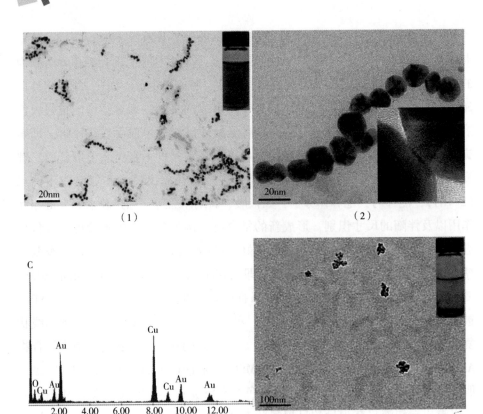

图 8.7 金纳米粒子溶液的颜色和透射电镜图
(1) 高倍透射电镜图谱 (2) 和 EDX 图谱 (3)。反应条件：多糖浓度
$c_{s-LNT}=5.0mg/mL$，100℃下还原氯金酸 10min，室温放置 7d；
(4) 图为加入 DMSO 后金纳米粒子溶液颜色和透射电镜图。

LNT 在高温 100℃下还原氯金酸溶液 30min 后，置于室温下 3d 得到 AuNPs/t-LNT 纳米复合物。然后将十二硫醇加入到上述三种不同的溶液中，如图 8.8a_1，b_1 和 c_1 所示，比重较低的无色十二硫醇浮在溶液上层。三种混合液搅拌 1h 之后，AuNPs/r-LNT 溶液仍然为紫红色，只有两相界面处出现少量的泡沫，而另外两种溶液中的金纳米粒子都被萃取到上层的十二硫醇中。经过离心之后，AuNPs/r-LNT 溶液仍然没有变化，而另外两种复合物中的金纳米粒子沉淀下来。

这些结果充分证明在高浓度下大部分被 s-LNT 还原的金纳米粒子被包裹进了螺旋空腔之内，在加入硫醇之后能避免金纳米粒子与硫醇接触被硫醇萃

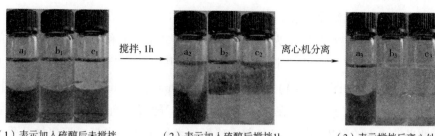

图 8.8　利用硫醇对不同金纳米粒子溶液 AuNPs/r-LNT（a-1，2，3）、AuNPs/t-LNT（b-1，2，3）和 AuNPs/s-LNT（c-1，2，3）萃取图

取出来；相反的如果是 s-LNT 浓度较低，s-LNT 不能复性成为具有空腔结构的 t-LNT，金纳米粒子只能通过羟基作用附着在糖链周围，在萃取的过程中被硫醇吸附走。而未经过变性复性重组过程的 t-LNT，由于其本身的螺旋空腔直径只有大约 1.2nm，而金纳米粒子直径有 18nm，显然不能被包裹进螺旋空腔中，只能形成类似纳米 Ag/LNT 复合物的结构。只有经过变性复性重组过程的香菇多糖，其螺旋空腔可以随着客体粒子的大小产生变化，能更好地包裹并分散客体分子。

我们在前文图 8.5、图 8.6 和图 8.7 中也可以看到纳米线的存在，可以解释为在反应初期较短的 10min 内只有少部分三螺旋链复性成功，大部分金纳米粒子随机分布，但它们可以很好地分散于水溶液中。如在图 8.4（1）中所讨论的，在 280nm 的波段是归因于葡聚糖的羟基与金纳米粒子表面的长相互作用。这一结果表明，金纳米粒子除了分散于疏水空腔中，也可以与 LNT 羟基基团相互作用，两者都能导致其在水中的良好分散。但是经过足够的时间，越来越多的 t-LNT 复性成功，金纳米粒子被诱导进入疏水螺旋空腔，形成纳米线结构，如图 8.7（1）和图 8.7（2）所示。在高浓度的情况下，在初始阶段 s-LNT 迅速的还原 Au^{3+} 生成金纳米粒子，此时通过在金纳米粒子表面与羟基基团之间的相互作用稳定，然后随着三螺旋结构的形成包埋到逐渐复性的 t-LNT 的疏水空腔内形成更稳定的金纳米线。

根据上述得到的结果，我们提出了一个金纳米粒子在 LNT 水溶液中合成和分散的机理图，如图 8.9 所示。在低浓度（0.5mg/mL）时，还原生成的 Au 在 30min 前采用纳米带状结构，充分反应 1h 后形成分散的球形形状。如图 8.4（1）所示，反应 5min 后出现纳米带，表明还原反应发生得很快。因此，我们认为即使在低浓度下，s-LNT 还原氯金酸也是一个快反应。此外，由于低浓度的 s-LNT 很难复性成为 t-LNT。由于金纳米粒子和多糖羟基基团之间的相互作用，金纳米粒子局部集中在多糖链周围，这一点可以从紫外吸收光谱结果来证明，如图 8.4（1）所示（5min，10min，15min 和 30min）。此外，一些大的金纳米粒子聚集体在 30min 内观察到。随着不断搅拌反应 60min 后，Au 纳米带或大的聚集体进一步分散成球形纳米粒子，纳米带或聚集体几乎不可见［图 8.4（6）］。即金纳米粒子在低浓度的 s-LNT 水溶液中的稳定主要是通过金纳米粒子表面与羟基之间的相互作用。在高浓度 s-LNT 的情况下，合成的金纳米粒子在初始阶段通过与 LNT 的羟基之间相互作用而稳定，然后随着三螺旋结构的复性，包埋到疏水的三螺旋空腔内，形成金纳米线结构。

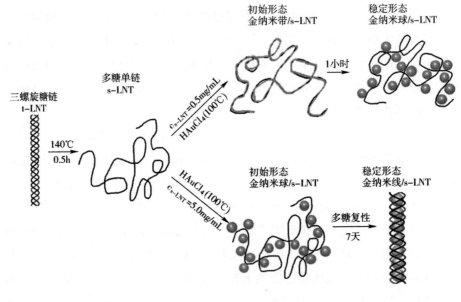

图 8.9 金纳米粒子合成示意图

8.6 小　　结

在本工作中，我们提出了一种在水溶液中合成和分散金纳米粒子的方法。成功地用高温变性得到的单链香菇多糖（s-LNT）将 Au^{3+} 还原合成金纳米粒子，揭示多糖也具有一定的还原性。Au^{3+} 的还原依赖于 s-LNT 浓度、反应时间和反应温度。较高的多糖浓度和反应温度，使金纳米粒子更加迅速地合成以及形成更加均匀规整的球形结构。反应时间的延长也能促使球状金纳米粒子的形成。金在低浓度 s-LNT 时形成纳米带结构而在相对较高 s-LNT 浓度下形成球形金纳米粒子。尤其是在高浓度的 s-LNT 情况下，金纳米粒子可以紧密排列在复性的三重螺旋 LNT（r-LNT）疏水空腔内，形成稳定的纳米线结构。金纳米粒子与 LNT 的羟基基团之间的相互作用和金纳米粒子被包裹进 r-LNT 的疏水空腔都促成金纳米粒子在水溶液中的稳定分散。并且，通过控制 s-LNT 的浓度反应时间和温度可得到不同形状的金纳米粒子如纳米带、球状金纳米粒子和纳米线。在反应过程中 s-LNT 作为还原剂和稳定剂两种功能。在整个反应过程中，没有使用任何有机或有毒物质，并且在水溶液进行氧化还原反应。此外，LNT 是一种无毒，安全的生物大分子并具有抗肿瘤活性和免疫调节活性。因此，这种方法非常"绿色"和安全，这对于金纳米粒子在生物技术中的应用非常重要。

第四部分
蕈菌多糖的利用

9 提取柽柳核纤孔菌发酵多糖开发烟用香料

柽柳核纤孔菌属于真核生物域，菌物界，真菌门，担子菌亚门，层菌纲，非褶菌目，多孔菌科，木层孔菌属，宽棱木层孔菌。子实体小至中等大，无柄侧生或半平伏。菌盖扁平，黄褐色至深灰褐色，后期变为灰黑色，有较宽的同心环棱，5~8cm×7~16cm，厚8~25mm。有文献报道称柽柳核纤孔菌有止血、止痛和防治痔疮的作用，但未见胞外多糖的报道。随着烟草行业的发展，天然糖类提取物在研究卷烟加香作用时是很重要的一种物质，本实验对柽柳核纤孔菌进行发酵提取胞外多糖，初步探讨了胞外多糖的结构，抗氧化活性，并研究了其在卷烟中的加香效果。

9.1 胞外多糖的提取、纯化及结构表征

柽柳核纤孔菌：基因号 HM050416，郑州轻工业学院微生物学实验室保藏；柽柳核纤孔菌胞外多糖发酵条件：温度 25℃，碳源为蔗糖，氮源为胰蛋白胨，pH 为 8；蔗糖浓度为 64.090g/L，胰蛋白胨含量为 5.240g/L，装液量 50mL（250mL 三角瓶），转速为 150r/min，发酵周期为 12d。

柽柳核纤孔菌发酵结束后，发酵液经 SHB-3 循环多用真空泵真空抽滤，得到菌丝体及发酵滤液，菌丝体经 65℃，24h 干燥至恒重，冷却、称重，得到干燥菌丝备用。发酵滤液测其 pH 后，经旋转蒸发仪浓缩至原体积的 1/3，加浓缩液四倍体积的无水乙醇，保持乙醇浓度在 70% 以上。4℃ 静置过夜，10000r/min 冷冻离心 10min，得到沉淀加适量蒸馏水溶解后，加入 1/3 的氯仿/正丁醇（5:1），磁力搅拌器剧烈搅拌 30min；静置 10min 后，取上层水相。共重复三次。水相经浓缩后，再次加 4 倍无水乙醇，4℃ 沉降一夜。10000r/min 离心 10min，取沉淀，然后用 Sevag 法对粗多糖进行脱蛋白处理得粗多糖。

称取粗多糖 100mg，用 10mL 0.2mol/L NaCl 缓冲液溶解，离心，上清液过 0.45μm 的水膜，取 5mL 上 Sepharose CL-6B 柱，以 0.2mol/L NaCl 缓冲液

洗脱，流速为 0.6mL/min，缓冲液洗脱并分管收集，145 滴/管，用硫酸-苯酚法对各管多糖含量进行检测。所得到的组分分别收集起来，用旋转蒸发仪浓缩至 50mL，然后透析（透析袋分子质量 8000~14000）除去 NaCl，将透析后的溶液冷冻干燥，得到精多糖。

用硫酸-苯酚法检测多糖，用紫外-可见分光光度计在波长 490nm 处检测多糖含量，在波长 280nm 处直接检测蛋白，得到 1 个组分，以管号为横坐标以多糖吸光度为纵坐标用 SigmaPlot 软件作图，结果如图 9.1 所示。

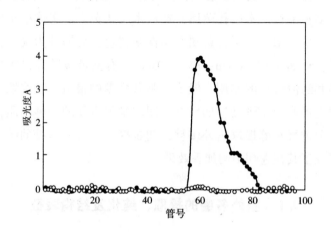

图 9.1 柽柳核纤孔菌发酵多糖经 Sepharose CL-6B 柱后多糖和蛋白的测定结果
[●多糖（EPS）；○蛋白质]

取精多糖 1mg，用溴化钾（KBr）压片后进行红外（IR）分析。

取层析后多糖 50mg 左右分别装入核磁管中，加入 0.5mL 重水，在核磁共振仪上经行 ^{1}H-NMR 光谱分析。

如图谱 9.2 所示，它具有多糖的共同吸收峰，在 2925cm^{-1} 有峰值表明有其吸收较弱是一种分子中 C—H 键的弯曲振动。在 3414cm^{-1} 有一特征峰，1457cm^{-1} 和 1386cm^{-1} 处有峰值表明有偕二甲基。在 2361.2cm^{-1}、2335.9cm^{-1} 处有吸收峰，应为 C≡N 或 C≡C 伸缩振动，O—H 的伸缩振动在 3600~3200cm^{-1}，在 3421cm^{-1} 出现一宽峰表明该糖中存在 O—H；在 1419cm^{-1}，1051cm^{-1} 处有吸收峰，应为 C—O 伸缩振动引起的。从 1652cm^{-1} 和 1051cm^{-1} 处有吸收峰，说明有羧基存在。

1H-NMR 以 HDO 峰 4.69mg/kg 为内标，13C-NMR 以 TMS（四甲基硅

9 提取柽柳核纤孔菌发酵多糖开发烟用香料

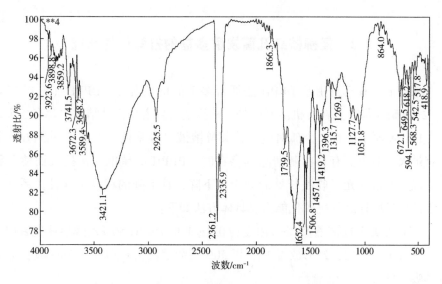

图9.2 柽柳核纤孔菌发酵多糖的红外光谱图

烷）峰为0.00mg/kg为内标进行核磁共振检测。结果如图9.3所示，柽柳核纤孔菌发酵多糖的1H-NMR见δ4.92为α-D-葡萄糖的端基氢信号，δ4.86为β-甘露糖端基氢信号，在1.18处有氢信号，在此处可以证明有羧基的存在，更加证明了其为酸性多糖。

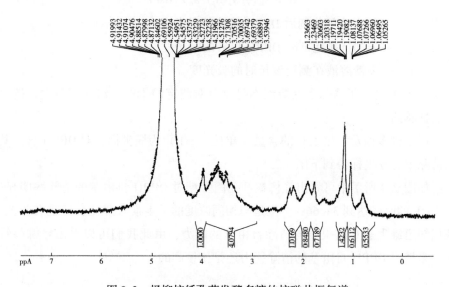

图9.3 柽柳核纤孔菌发酵多糖的核磁共振氢谱

9.2 柽柳核纤孔菌发酵多糖的抗氧化性研究

采用清除有机自由基 DPPH 法评价多糖的抗氧活性，DPPH（1,1-二苯基-2-三硝基苯肼）在有机溶剂中是一种稳定的自由基，其结构中含有 3 个苯环，1 个 N 原子上有 1 个孤对电子，其醇溶液呈深紫色，在波长为 517nm 下具有最大光吸收。有自由基清除剂存在时，DPPH 的单电子被捕捉而使其颜色变浅，在最大光吸收波长处的吸光值下降，且下降的程度呈线性关系，从而以评价试验样品的抗氧化能力。具体方法如下：

（1）2mL 多糖溶液及 2mL 浓度为 0.1g/L 的 DPPH 50%乙醇溶液先后加入同一试管中，摇匀，25℃放置 1h，以 50%乙醇溶液为空白在 517nm 波长下测定其吸光度 A_i。

（2）2mL 浓度为 0.1g/L 的 DPPH 50%乙醇溶液及 2mL 蒸馏水混合，摇匀，25℃放置 1h，以 50%乙醇溶液为空白在 517nm 波长下测定其吸光度 A_0。

（3）2mL 多糖溶液及 2mL 50%乙醇混合，摇匀，25℃放置 1h，以 50%乙醇溶液为空白在 517nm 波长下测定其吸光度 A_j。

根据下列公式计算多糖对 DPPH 的清除率，即

$$清除率=[1-(A_i-A_j)/A_0]\times 100\% \tag{9.1}$$

式中　A_i——加入抗氧化剂后 DPPH 溶液的吸光度；

　　　A_0——未加抗氧化剂时 DPPH 溶液的吸光度；

　　　A_j——多糖溶液在测定波长时的吸光度。

引入 A_j 是为了清除多糖溶液本身颜色对测定的干扰。清除率越大，抗氧化活性越高。

以柽柳多糖及维生素 C 的含量（单位：g/L）为横坐标，对 DPPH 自由基的清除率为纵坐标得到下图：

如图 9.4 所示中可看出柽柳核纤孔菌多糖对 DPPH 自由基的清除率明显；在 3g/L 的时候达到 34.66%，但是与相同浓度的维生素 C 相比，还是有些低。我们知道维生素 C 有很强的清除自由基的能力，由此我们可以看出柽柳核纤孔菌多糖对 DPPH 自由基的清除能力还是比较高的。

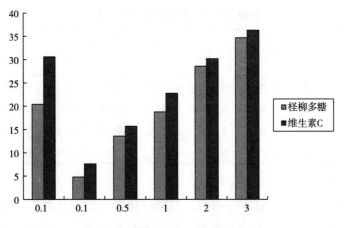

图 9.4 柽柳核纤孔菌多糖及维生素 C
对 DPPH 自由基清除率对比图

9.3 柽柳核纤孔菌发酵多糖转移率

(1) 柽柳核纤孔菌发酵多糖储备液配制　精确称取柽柳核纤孔菌发酵多糖 0.048g 于 1mL 容量瓶中,加蒸馏水定容至刻度,混匀,得浓度为 15mg/mL 多糖储备液①。

(2) 样品处理　用 10μL 注射器从储备液①分别取不同体积的溶液注射进散花成品烟中,烟支规格 84mm×24.5mm,滤嘴长 30mm,烟支质量 0.83g,卷烟吸阻 1050Pa;

得到多糖添加量分别为 7.5μg/支、10μg/支、12.5μg/支的烟支。每种烟注射 10 支,然后将注射好的烟支放入恒温恒湿箱(温度 22℃,湿度 60%)内平衡 48h。测试时每 2 个通道为一个抽吸方案,抽同一个样品,每个通道共计抽吸 5 支卷烟。

将抽吸后的剑桥滤片放入 150mL 三角瓶中,加入 50mL 无水乙醇超声 1h,倒掉乙醇,然后加入 50mL 无水乙醇超声 0.5h,倒掉乙醇,将乙醇除净,再加入 50mL 蒸馏水超声两次,每次 1h,过滤,合并滤液,最后取 1mL 滤液用硫酸-苯酚法对其进行多糖测定,同时,用未加入柽柳核纤孔菌多糖的烟支的剑桥滤片作为空白对照。

利用香精注射机将多糖注射到卷烟里面,然后检测多糖转移率,结果如表 9.1 所示:

表 9.1　　　　　　　　柽柳核纤孔菌发酵多糖转移率结果

添加量/(mg/支)	吸光度			主流烟气中多糖含量/(mg/支)			均值/(mg/支)	转移率/%
0	0.101	0.102	0.101	0.0096	0.0097	0.0096	0.0096	
0.36	0.145	0.148	0.147	0.0147	0.0149	0.0148	0.0148	1.44
0.48	0.167	0.170	0.170	0.0163	0.0166	0.0166	0.0165	1.43
0.60	0.201	0.198	0.198	0.0197	0.0193	0.0193	0.0194	1.63

注：$y=10.013x+0.0043$，$R^2=0.9993$。

如表 9.1 所示，在检测范围内，多糖转移率与添加量并不呈直接线性关系，添加量低时，转移率变化不大，随着添加量的提高，转移率增加，整体范围基本保持在 1.40%～1.70%。这一结果，可以为以后柽柳多糖在卷烟中的应用提供有效的数据，为卷烟加香提供支持。

9.4　柽柳多糖在卷烟中的应用效果

采用单料烟丝：云南宣威 HC1F。单料烟丝样品在温度（22±1）℃、相对湿度（60±2）%的恒温恒湿箱中平衡水分 48h，称量时以 10g 为一份，称取若干份。分别用电子天平称取柽柳多糖，用适量蒸馏水溶解后，把柽柳多糖按照 0.01%～0.08%加入到烟丝当中，以加入蒸馏水的烟丝为对照组，然后再用填烟器将烟丝填制成烟支，放在温度（22±1）℃、相对湿度（60±2）%的恒温恒湿箱中平衡水分 48h 后备用（表 9.2）。

表 9.2　　　　　　　　柽柳多糖在卷烟中的评吸结果

卷烟样品	香气量	杂气	刺激性	透发性	细腻程度	回甜	余味
1#	不明显	稍大	较大	不明显	不明显	不明显	稍差
2#	稍增	稍大	较大	不明显	不明显	不明显	稍差
3#	稍增	稍轻	略大	不明显	较好	不明显	较差
4#	稍增	稍轻	略轻	不明显	较好	稍增	较差
5#	稍增	稍轻	稍轻	稍好	较好	稍有	稍好
6#	稍增	较轻	较小	较好	较好	稍增	稍好
7#	增加	较轻	减小	较好	好	增加	较好
8#	增加	稍大	减小	稍好	不明显	稍有	微好

9 提取柽柳核纤孔菌发酵多糖开发烟用香料

通过人员评吸得出：在卷烟中添加柽柳多糖后，感官品质得到了改善和提高，刺激性降低，卷烟具有柽柳多糖所特有的香气品质，香气风格得到进一步强化，烟气变得细腻柔和。在添加量为 0.07% 时，烟气的细腻程度明显提高，回甜感得到了增强，香气特征和品质都得到明显改善，使卷烟的品质得到了全面提升。

9.5 小　　结

该研究对柽柳核纤孔菌多糖进行了提取、分离和纯化，柽柳多糖在烟气中的转移率在 1.4%～1.7%，从这数据中我们可以为柽柳多糖以后的卷烟加香加料的质量提供数据。多糖转移率有助于产生特殊烟草香气，为卷烟差异化进行贡献。柽柳多糖对于·DPPH 有很高的清除率，在浓度达到 3g/L 时候，·DPPH 的清除率达到了 34.66%。卷烟评吸结果表明柽柳多糖加入到卷烟中会产生较好的效果，因此柽柳多糖有望成为卷烟的加香材料。与以往的多糖不同，真菌发酵多糖在卷烟中的应用研究只是刚刚起步，在结合安全性评价的基础上，把真菌多糖自身独特的优势发挥出来，并与烟香协调，将会有广阔的发展前景。但是真菌多糖也有自身的问题需要解决，比如发酵工艺的优化，多糖的提取，多糖的安全性，如何与卷烟烟香协调，在卷烟加入含量的确定等，都是有待解决的问题。

10 硬毛栓孔菌发酵多糖的成分分析及其在卷烟中的应用

硬毛栓孔菌（*Funaliatrogii*），属于多孔菌科（*Polyporaceae*）云芝属（*Coriolus*），生于杨、柳等阔叶树活立木、枯立木、死枝杈或伐桩上，全国各省区均有分布。菌肉白色至淡黄色，可供药用。除此之外，硬毛栓孔菌含有十分丰富的营养物质，它具有高蛋白、低脂肪、低胆固醇的特点，还富含有多种维生素和矿质元素等成分，如钾、钠、钙、铁、锌、镁、磷等。卷烟中添加一定的香料成分可以改善其吸食品质，目前很多天然提取物对烟草的加香作用引起了人们的重视。糖类就是其中很重要的一种，真菌多糖作为烟草添加剂，经高温裂解或梅拉德反应将会产生一定的香气。因此，真菌多糖作为一种应用广泛的生物活性物质，若在烟草中也能发挥其清除人体自由基和抗癌等活性，将给广大烟民带来福音。实验对硬毛栓孔菌发酵粗多糖进行了提取、分离和纯化，对多糖的结构进行了初步研究；并将不同浓度的硬毛栓孔菌粗多糖添加到卷烟空白配方中进行了感官评吸实验，以确定硬毛栓孔菌多糖在卷烟中的最佳用量和作用效果，为真菌多糖在卷烟中的应用提供一定的理论基础。

10.1 硬毛栓孔菌粗多糖的提取、纯化及结构表征

硬毛栓孔菌：本实验室保藏；硬毛栓孔菌多糖发酵条件：麦芽糖5%（质量体积比），胰蛋白胨0.2%（质量体积比），KH_2PO_4 3mmol/L，pH6，温度为28℃，装液量50mL（250mL三角瓶），转速为150r/min，发酵周期为10d。

硬毛栓孔菌发酵结束后，通过真空抽滤法分离菌丝体和发酵液，菌丝体干燥至恒重并称量保存。发酵液旋转蒸发到一定体积后加入4倍体积乙醇，4℃冰箱存放过夜，进行多糖沉降。10000r/min离心15min得到粗多糖；然后用Sevag法对粗多糖进行脱蛋白处理得精制多糖。

称取精制多糖80mg，用4mL 0.2mol/L NaCl缓冲液溶解，离心，上清液

过 0.45μm 的滤膜；用 2~3mL 上 Sepharose CL-6B 柱，以 0.2mol/L NaCl 缓冲液洗脱并分管收集，用硫酸-苯酚法对各管多糖含量进行检测；分离组分用旋转蒸发仪浓缩至 50mL，然后透析（透析袋分子质量 8000~14000）除去 NaCl，将透析后的溶液冷冻干燥，得到两个多糖组分（1）和多糖组分（2）。

硬毛栓孔菌多糖的红外光谱（IR）检测。

取多糖组分（1）和多糖组分（2）各 1mg，用溴化钾（KBr）压片后进行红外（IR）分析。

将处理好的多糖样品上柱，以 0.2mol/L NaCl 缓冲液洗脱，并分步收集，之后用硫酸-苯酚法测定多糖含量，以管号为横坐标以多糖吸光度为纵坐标用 SigmaPlot 软件作图，结果如图 10.1 所示。

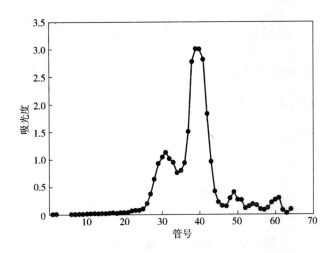

图 10.1 硬毛栓孔菌多糖过 Sepharose CL-6B 柱结果

如图 10.1 结果所示，将硬毛栓孔菌多糖过 Sepharose CL-6B 柱可得到两种不同分子质量的多糖组分。重复过柱 5 次，将五次所得到的两个组分分别收集起来，用旋转蒸发仪浓缩至 50mL 左右，然后将得到的不同多糖溶液分别装入透析袋（截流相对分子质量为 8000~14000），于蒸馏水中透析三天除去 NaCl，期间每隔 8h 换一次蒸馏水；将透析后的溶液冷冻干燥，得到多糖组分（1）和多糖组分（2）。

对硬毛栓孔菌多糖组分（1）和（2）进行红外光谱监测得红外光谱图（见图 10.2）。对两种多糖组分的红外光谱图的解析结果见表 10.1。

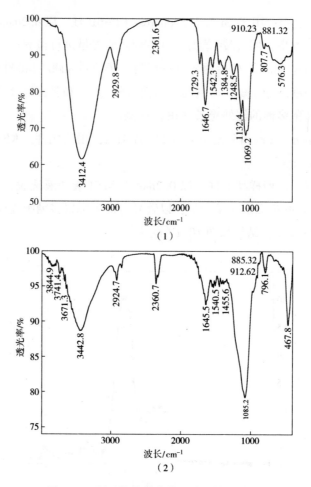

图 10.2 硬毛栓孔菌多糖组分红外光谱图

表 10.1　　　　　　　　　多糖的红外光谱图解析结果

多糖组分	红外吸收/cm^{-1}	可能官能团	振动方式
(1)(2)	3.44×10^3	糖环式结构	
(1)(2)	2.93×10^3	—CH$_2$—	C—H 伸缩振动
(1)(2)	2.36×10^3	—C≡N— 或 —C≡C—	伸缩振动
(1)(2)	1.73×10^3 和 1.64×10^3	—COO	酯键的非对称伸缩振动
(1)	1.25×10^3	C=O	C=O 伸缩振动
(1)(2)	1.08×10^3	—OH	变形振动
(1)(2)	8.1×10^2	甘露糖的结构	
(1)(2)	910 和 880	α 和 β 糖苷键	

从硬毛栓孔菌多糖组分红外光谱图①和②的特征吸收波数可知，在 $3412cm^{-1}$ 有一特征峰，因为 O—H 的伸缩振动在 $3600\sim3200cm^{-1}$ 出现一宽峰，在该糖中应存在—OH；在波数 $2929cm^{-1}$ 处有一特征峰，是 C—H 键的伸缩振动，是糖类的特征吸收；在 $1.73\times10^3cm^{-1}$ 和 $1.25\times10^3cm^{-1}$ 左右有吸收峰，说明有乙酰基的存在；多糖在 $1646cm^{-1}$ 为 C＝O 非对称伸缩振动，在 $1646cm^{-1}$ 和 $1085cm^{-1}$ 左右存在吸收峰，说明有羧酸存在，为酸性多糖，在 $796cm^{-1}$ 处存在吸收峰，为甘露糖结构；$910cm^{-1}$ 和 $880cm^{-1}$ 处有吸收峰，说明多糖①和②应有 α 和 β 糖苷键。

10.2　硬毛栓孔菌多糖在烟气中转移率的研究

取不同体积精制胞外多糖储备液（10mg/mL）并加蒸馏水补充到 0.5mL；用香精注射机注射进散花成品烟中，散花成品烟：重量 0.83g，烟支吸阻 1050Pa，烟支规格 84mm×24.5mm，滤嘴长 30mm；使烟支中胞外多糖含量分别达到烟支质量的 0.02%、0.04%、0.06%、0.08%、0.1%，并做注射 0.5mL 蒸馏水的空白对照，每组 10 支；放入恒温恒湿箱（温度 22℃，湿度 60%）平衡 48h；然后用吸烟机对烟支进行抽吸；将抽吸后的剑桥滤片放入 150mL 三角瓶中，加入 50mL 无水乙醇超声 1h，倒掉乙醇，然后加入 50mL 无水乙醇超声 0.5h，倒掉乙醇，再加入 50mL 蒸馏水超声两次，每次 1h，合并滤液，用硫酸-苯酚法测定多糖含量，计算其在烟气中转移率。

转移率=（实验组剑桥滤片上多糖量-对照组剑桥滤片上多糖量）/多糖添加量

利用香精注射机将硬毛栓孔菌精制多糖溶液以不同的浓度注入卷烟中，经吸烟机抽吸后，利用硫酸苯酚法测定卷烟烟气中的多糖含量，并扣除空白卷烟烟气中多糖含量，计算硬毛栓孔菌粗多糖在烟气中的转移率，结果见图 10.3。

如图 10.3 所示，多糖在烟气中的转移率随其在多糖中浓度的增加而增加，在多糖添加量为 0.02%时，转移率为 1.58%，在多糖添加量为 0.08%时，转移率为 3.28%。而多糖添加量超过 0.08%达到 0.1%时，多糖在烟气中的转移率为 3.39%，与 0.08%添加量时转移率差异不大。因此硬毛栓孔菌多糖的转移率并不与其添加量呈简单的线性关系。

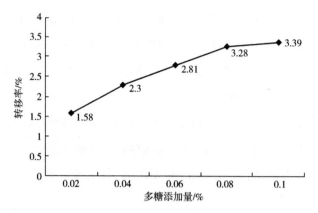

图 10.3 硬毛栓孔菌多糖在卷烟烟气中的转移率

10.3 硬毛栓孔菌多糖在卷烟中的感官评价

称取单料烟丝（云南宣威 HC1F）6 份，10g/份，取不同体积精制胞外多糖储备液（10mg/mL）并加蒸馏水补充到 0.5mL，按照 0.0%、0.01%、0.02%、0.04%、0.06%、0.08%（质量比）的量用微型喷雾器均匀喷洒在烟丝中，按照每只质量 0.83g 的标准制备卷烟，然后将卷制好的样品置于恒温恒湿箱（温度 22℃，相对湿度 60%）内平衡 48h，待平衡好后请郑州轻工业学院食品与生物学院的卷烟感官评吸小组进行评吸，从卷烟的香气质、香气量、浓度、细腻、杂气、刺激、余味等方面筛选出感官质量较好的样品，确定硬毛栓孔菌多糖在卷烟中的添加量及其应用效果。

硬毛栓孔菌多糖在卷烟中的加香试验评吸结果见表 10.2。结果表明：硬毛栓孔菌多糖在卷烟中起到掩盖杂气，去除刺激，改善余味的作用，使香气细腻程度有所提升、烟气状态、圆润感较好，香气的协调性好，在添加浓度为 0.04%时改善了卷烟的吸食品质，硬毛栓孔菌多糖起到了烘托香气风格的作用，有助于提高卷烟的品质。

表 10.2   硬毛栓孔菌多糖在卷烟的感官评价结果

代号	用量/%	香气	刺激性	杂气	余味
1	0	香气量较充足，香气质较好	刺激略明显，有炙舌感觉，喉部略不舒适	略有杂气	余味舒适、余味尚干净

续表

代号	用量/%	香气	刺激性	杂气	余味
2	0.01	香气较细腻	刺激略减小,炙舌感明显减少,喉部舒适度增加明显	杂气略减轻	余味尚舒适
3	0.02	烟气状态、圆润感较好,香气的协调性好	刺激明显减小,炙舌感明显减少	杂气明显减轻	余味舒适,有回甜感
4	0.04	烟气状态、圆润感较好	刺激明显减小,炙舌感明显减少	杂气明显减轻	余味舒适,回甜感较强
5	0.06	烟气状态、圆润感较好	减少明显,刺激进一步减少	杂气略减轻	比较舒适,回甜感较强
6	0.08	香气欠自然,润感尚好	减少明显,基本没有刺激	杂气略有增加	比较舒适,有些发涩

10.4 小　　结

Sevag 法脱蛋白所得的精制多糖过 Sepharose CL-6B 柱得到两个多糖组分多糖①和多糖②,经过红外光谱分析可知,在 810cm^{-1} 处存在吸收峰,为甘露糖结构,880cm^{-1} 和 910cm^{-1} 处有吸收峰,说明多糖①和②应有 α 和 β 糖苷键。烟丝中硬毛栓孔菌多糖添加量在 0.02%~0.10%内变动时,其在卷烟烟气中的转移率也从 1.58%到 3.39%逐渐增加;硬毛栓孔菌多糖在卷烟中起到到了烘托香气、增加烟气浓度风格的作用,有助于提高卷烟的品质。实验结果为准确评价真菌多糖类物质在卷烟中的作用提供了理论依据。

11 槐栓菌胞外多糖组分分析及在烟草薄片中的应用

槐栓菌，又名槐耳，学名 *Trametes robiniphila murr*，在我国有悠久的入药史，民间多用于治疗癌症和炎症。Zhang 等研究表明，槐栓菌提取物是一种有效的抑癌辅助剂，可强烈抑制 A875 黑色素肿瘤细胞的增殖，诱导 G2/M 期阻滞，与凋亡时间成剂量依赖性。Jia 等研究发现，在小鼠肉瘤 180（S180）试验中，槐栓菌发酵胞外多糖（EPS）不仅增强了巨噬细胞的吞噬功能及产生 NO 的能力，也促进淋巴细胞的增殖和提高了其自然杀伤细胞的活性，肿瘤生长抑制率达 60.9%，槐栓菌 EPS 在小鼠体内的免疫刺激和肿瘤抑制活性呈现非剂量依赖方式。

烟草是我国重要的轻工业产品，烟草的香气质、香气量和香型风味是由多种香气物质的组成、含量、比例及其相互作用所决定的。真菌多糖经高温裂解或美拉德反应可产生一定的香气，在卷烟中添加真菌胞外多糖可以改善其吸食品质，起到掩盖杂气、去除刺激、改善余味的作用，使香气细腻程度有所提升。目前，关于槐栓菌的 EPS 在卷烟中的应用尚未见报道。鉴于此，实验研究了槐栓菌 EPS 添加到烟草薄片中对卷烟香气成分组成及含量的影响，为真菌胞外多糖作为添加剂用于提高卷烟品质的发展作出初步探究及参考。

11.1 胞外多糖的提取、纯化及结构表征

菌种为槐栓菌（*Trametes robiniphila murr*），取自郑州轻工业学院食品与生物工程学院烟草与微生物实验室。称取 6g 乳糖、0.6g 酵母粉放入 500mL 锥形瓶，加入 200mL 蒸馏水配制液体培养基，灭菌，以 3% 的接种量接种到液体培养基中，130r/min、28℃条件下培养 6d，真空抽滤分离菌丝体和发酵液。发酵液旋转蒸发至 25mL 后加入 100mL 无水乙醇于 4℃下过夜，1000r/min 离心 15min 获得粗胞外多糖；用 Sevag 法对粗胞外多糖去除蛋白，加入 1/4 体积的

除蛋白液（氯仿∶正丁醇=4∶1），与粗胞外多糖充分混匀，静止，弃中层与下层，取上层，直至不再出现蛋白层，获得精制胞外多糖。

精确称取胞外多糖 80mg，用 4mL 0.2mol/L NaCl 溶液溶解，过 0.45μm 滤膜；取 2~3mL 胞外多糖溶液上 Sepharose CL-6B 柱，以 0.2mol/L NaCl 作为缓冲液洗脱并分管收集，用可见光紫外分光光度计检测各收集管中收集液，在波长 280nm 处读取吸光度，检测各收集管中蛋白浓度，采用硫酸-苯酚法测各收集管中的胞外多糖含量，在波长 490nm 处读取吸光度，检测多糖浓度。以收集管号为横坐标，分别以 490nm、280nm 的吸光度为纵坐标作图（图 11.1）。由图 11.1 可见，槐栓菌 EPS 经过 Sepharose CL-6B 柱收集，第 25 管至第 45 管分离获得一个胞外多糖组分，即达到纯化胞外多糖的效果。将过柱后的收集液浓缩至 50mL，透析（透析袋截流分子质量 8000~14000ku）除去 NaCl，冷冻干燥，获得精制胞外多糖，备用。

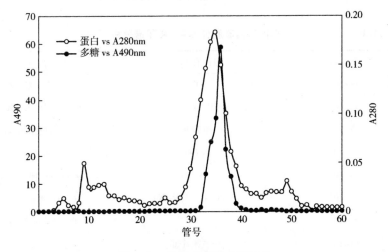

图 11.1　槐栓菌胞外多糖纯化

红外分析取 1~2mg 精制胞外多糖，取 100~200mg 溴化钾（KBr）压片，在 4000~400cm^{-1} 区间内用 TENSOR 27 傅里叶变换红外光谱仪扫描 IR 吸收。槐栓菌 EPS 的 IR 图谱见图 11.2。

槐栓菌 EPS 的 IR 图谱数据分析见表 11.1。

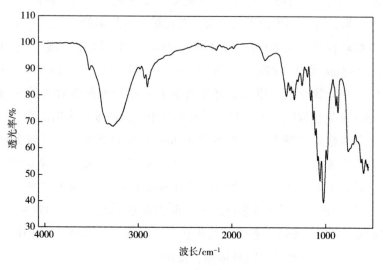

图 11.2 槐栓菌精制胞外多糖 IR 图谱

表 11.1　　槐栓菌精制胞外多糖 IR 图谱分析

红外吸收/cm^{-1}	可能官能团	振动方式
$3.28×10^3$	—OH	O—H 的伸缩振动
$2.93×10^3$	—CH_3 或—CH_2	—CH_3 或—CH_2 的伸缩振动
$1.63×10^3$	酰胺基	N—H 的变角振动
$1.41×10^3$	—COOH	C—O 伸缩振动
$1.37×10^3$	—COO	C=O 对称伸缩振动
$1.13×10^3$	C—O—C（环内醚）	C—O 伸缩振动
$1.02×10^3$	—OH	O—H 变角振动
$0.88×10^3$	β-型糖苷键	
$0.78×10^3$	吡喃糖环结构	

红外结果显示,槐栓菌精制胞外多糖在 $3280cm^{-1}$ 处有一个很宽的红外吸收峰,存在 O—H 的伸缩振动,酰化或醚化后,这组峰会消失,因这组峰在 $3400cm^{-1}$ 以下,由此可以断定存在分子间氢键为主;在 $2930cm^{-1}$ 处出现的红外吸收峰为糖类特征峰;在 $1630cm^{-1}$ 处出现红外吸收峰为酰胺基的 N—H 变角振动,因此此糖含有酰胺基;$1410cm^{-1}$ 处是—COOH 中 C—O 间的伸缩振动;$1370cm^{-1}$ 处振动为官能团—COO 的 C=O 的对称伸缩振动;而 $1130cm^{-1}$

处的吸收峰为环内醚结构中 C—O 伸缩振动,说明该糖有环内醚结构;880cm^{-1} 处的红外吸收峰说明该糖存在 β-糖苷键,为 β-型糖;780cm^{-1} 处的红外吸收峰有说明该糖为吡喃糖,并且有环结构。

槐栓菌 EPS 的气相质谱联用 (GC/MS) 分析:精确称取精制胞外多糖 0.005g,装入棕色瓶中,加入 3mL 2mol/L 三氟乙酸,密封后,121℃静置 2h。取出棕色瓶,待冷却后,过 0.22μm 水相滤膜,旋转蒸发将液相蒸干;加入 2mL 甲醇(分析纯),旋干,重复 3 次。依次加入 1mL 吡啶和 1mL 三甲基氯硅烷,密封,80℃恒温 2h。取出棕色瓶,待冷却后过 0.22μm 尼龙膜,滤液加入到气相瓶。以鼠李糖、核糖、木糖、阿拉伯糖、半乳糖、甘露糖、麦芽糖、葡萄糖为标准样,检测其 GC/MS 出峰时间,为单糖糖基标准峰。

气相条件:HP-5 MS 60m 色谱柱;升温程序为起始温度 80℃,以 5℃/min 的速度升温至 280℃,保持 20min;进样量 1μL,分流比 5∶1,延迟时间 10min,进样口 280℃,传输线 280℃。

使用 Xcalibur 分析软件,参照标准品的峰值,测定槐栓菌 EPS 单糖组分如表 11.2 所示。乳糖可提供葡萄糖基和半乳糖基,以乳糖为碳源发酵槐栓菌,获得的槐栓菌 EPS 的单糖组成中葡萄糖基含量高达 52.47%,而并不含有半乳糖基(表 11.2),说明菌体可直接利用葡萄糖基,而不能直接利用半乳糖基,在发酵过程中可能将半乳糖基转换为葡萄糖基、核糖基、阿拉伯糖基及甘露糖基进行代谢,这与 Kai 等研究结果相符。

表 11.2 槐栓菌 EPS 的单糖组成

单糖组分	组分含量/%	单糖组分	组分含量/%
葡萄糖	52.47	阿拉伯糖	1.85
核糖	17.01	甘露糖	28.67

11.2 槐栓菌 EPS 的热重分析

取 5~10mg 精制胞外多糖,研磨成粉末,将粉末加入到热重分析仪上样,检测温度由室温以 10℃/min 升高至 760℃,并检测记录精制胞外多糖的质量随温度的变化。

如图 11.3 所示,精制胞外多糖由室温加热到 195℃时,胞外多糖的质量迅速下降，而在低于195℃的温度下，多糖的质量损失较小，说明此胞外多糖在进行化学加工的温度最好不要高于195℃，以确保其能保持多糖的稳定性。当温度升高到201℃，胞外多糖质量剩余90%，温度升高到508℃，胞外多糖质量降低斜率变小，质量变化相对平缓，升高至712℃，胞外多糖质量剩余23.64%。在150℃之前无失重台阶，因此槐栓菌EPS不含有结晶水，将胞外多糖由室温升高到105℃，其失重率为1.95%，低于2%，因此其不含有吸附水。

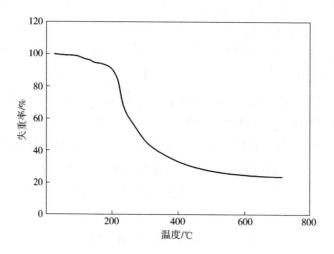

图11.3 槐栓菌精多糖热重分析

11.3 添加槐栓菌EPS后烟草挥发性成分同时蒸馏萃取及GC/MS分析

准确称取6g精制胞外多糖，用蒸馏水充分溶解，均匀地涂布到烟草薄片上，以不涂布精制胞外多糖的烟草薄片作为对照组，平衡24h后切丝并手动卷烟，每支香烟质量为（18±0.2）g，再次平衡24h，上吸烟机。

称取36g NaCl，加入到1000mL圆底烧瓶中，加入400mL蒸馏水溶解。将从烟气捕集器中取出的剑桥滤片和擦拭捕集器的棉花放入圆底烧瓶，同时加4~5块沸石，放入电热套中，连接在同时蒸馏萃取仪左侧，量取40mL二氯甲烷（色谱纯）加入到带有刻度的浓缩瓶中，加3~4块沸石，待左侧烧瓶口有水雾出现时，将浓缩瓶连接到同时蒸馏萃取仪右侧，浸入到60℃恒温水浴锅中，通入冷凝水。当左右两端带刻度的虹吸管均有液体回流开始计时，同时蒸馏萃取 2h。取下浓缩瓶，将其置于 60℃ 恒温水浴锅中，将浓缩瓶中液体浓缩至 1mL 转入色谱瓶，GC/MS 上样。

色谱条件：色谱柱 HP-5MS（30m×0.25mmi.d.×0.25μm d.f.）；进样口温度 280℃；进样量 1μL；分流比 10∶1；载气 He，1.0mL/min；升温程序为 50℃ 保持 2min，以 4℃/min 升温至 270℃ 保持 20min。质谱条件：传输线温度 280℃；EI 源电子能量 70eV；电子倍增器电压 1635V；质量扫描范围 30～550amu；离子源温度 230℃；四极杆温度 150℃。使用 Nist02 标准图库对其定性，采用内标法对其定量，假定相对校正因子（相对于内标）为 1，对各种挥发性成分按照下式进行定量计算。

$$挥发性成分含量（\mu g/g）=\frac{挥发性成分峰面积×内标质量×1000}{内标峰面积×烟样质量×(1-含水率)} \quad (11.1)$$

如表 11.3 所示，与对照相比，添加槐栓菌 EPS 烟叶的香气成分、含量、比例发生了明显变化。根据官能团不同，将检测出来的香味物质分为六类：酮类、醇类、醛类、酯和内酯类、酚类、氮杂环类，其组分含量见表 11.4。结果发现，加入槐栓菌 EPS 的试验组中，各种挥发性物质含量均有所增加，且物质种类也发生变化。试验组的酮类物质有 7 种，较对照增加了 3-甲基-2-环戊烯-1-酮、频呐酮，频呐酮有薄荷或樟脑气味，可增加烟气香味；醇类物质含量稍有减少，但与对照相差不大，且均为糠醇和香叶基香叶醇 2 种；醛类物质共 4 种，较对照增加了肉豆蔻醛，肉豆蔻醛具有强烈的、脂肪气息的、鸢尾样的气味，稀释后具有甜的、脂肪味的橘皮味道，对烟气有良好的调节作用，此外，除糠醛的含量有所降低，试验组 3-糠醛及 5-甲基呋喃醛的含量明显增加；酯类物质共 2 种，含量较对照均有所增加，对照的棕榈酸甲酯含量为 4.76μg/g，在试验组中增加到 5.46μg/g，亚麻酸甲酯含量也由 2.32μg/g 提高到 2.96μg/g；有机酸酯对烟草品质具有提香提质的作用，其含量越高，烟草品质越好。茴香醚具有芳香气味，并且具有刺激作用，对呼吸道分泌细胞有刺激作用从而促进分泌，可用于祛痰；愈创木酚有烤香、烟熏香、酚香。如表 11.3 所示，试验组 3,4-二甲基茴香醚的含量为 1.89μg/g，而在对照中未检测到；愈创木酚含量为 6.63μg/g，较对照增加 20.99%；氮杂环类物质种类及含量均较对照显著增加，试验组含有 36 种氮杂环类物质，其中有 16 种为新增物质，较对照减少了 8 种，氮杂环类物质含量为 284.64μg/g，较对照（134.49μg/g）明显增加；吲哚含量为 3.83μg/g，较对照增加 35.82%。

表 11.3　　烟草挥发性成分检测

序号	保留时间/min	挥发性成分	匹配度	含量/(μg/g)	
				试验组	对照
1	8.20	吡啶	96	3.64	3.42
2	10.09	乳腈	86	2.33	—
3	10.18	3-糠醛	87	1.78	1.12
4	10.23	2-甲基吡啶	95	1.72	1.38
5	10.81	糠醛	93	22.62	23.27
6	11.60	糠醇	97	3.69	3.91
7	11.65	3-甲基吡啶	96	4.88	6.23
8	11.94	对二甲苯	86	2.15	—
9	12.50	2-环戊烯-1,4-二酮	87	4.16	4.13
10	13.16	3-甲基-2-环戊烯-1-酮	87	6.35	—
11	13.14	甲基环戊烯醇酮	91	—	7.01
12	13.32	2-乙酰基呋喃	90	2.77	2.63
13	13.93	3,4-二甲基吡啶	95	0.72	—
14	14.43	4-甲基-2-戊炔	90	0.56	—
15	14.19	(4E)-2,3-二甲基-2,4-己二烯	81	—	1.04
16	14.84	3-乙基吡啶	95	—	1.87
17	14.92	频哪酮	53	1.52	—
18	15.16	3-乙烯基吡啶	94	1.63	4.62
19	15.10	5-甲基呋喃醛	94	20.57	16.91
20	16.04	苯酚	93	28.84	17.47
21	17.19	右旋萜二烯	99	5.19	5.23
22	17.24	甲基环戊烯醇酮	95	2.78	1.72
23	17.57	2,3-二甲基-2-环戊烯酮	90	6.67	6.58
24	17.82	茚	95	1.44	1.37
25	18.31	邻甲酚	98	9.46	9.09
26	19.01	对苯酚	97	20.74	19.72
27	19.24	愈创木酚	94	6.63	5.48
28	19.87	2,6-二甲基苯酚	95	2.92	2.49
29	20.17	乙基环戊烯醇酮	95	2.04	2.11

续表

序号	保留时间/min	挥发性成分	匹配度	含量/(μg/g)	
				试验组	对照
30	20.81	苯乙腈	91	2.10	1.72
31	20.90	3-庚炔	93	1.66	—
32	21.01	3-乙基苯酚	90	3.7	—
33	21.31	2,3-二甲基苯酚	96	9.02	—
34	21.91	对乙基苯酚	94	10.22	—
35	21.21	2,4-二甲基苯酚	95	—	5.68
36	21.80	4-乙基苯酚	90	—	10.02
37	22.11	2,3-二甲基苯酚	93	2.94	2.29
38	22.28	萘	94	5.13	4.98
39	22.40	4-甲基愈创木酚	96	2.67	2.00
40	22.73	2,4-二甲基苯酚	95	2.04	—
41	23.85	2-乙基-6-甲基苯酚	87	—	4.03
42	24.21	乙酸苯乙酯	90	41.66	41.75
43	24.78	3,4-二甲基茴香醚	90	1.89	—
44	24.97	邻异丙基苯硫酚	89	0.87	2.05
45	25.07	1-茚酮	95	3.67	3.60
46	25.17	正十三烷	93	1.61	—
47	25.47	2-甲基萘	95	1.40	1.51
48	25.58	吲哚	96	3.83	2.82
49	25.79	环己硅氧烷	90	2.25	—
50	25.93	4-乙烯基-2-甲氧基苯酚	91	8.29	7.96
51	53.83	烟碱	95	205.35	73.06
52	27.67	1-十四烯	91	—	1.12
53	28.06	3-甲基吲哚	93	2.53	2.33
54	28.87	1,4-二甲基萘	90	1.46	0.89
55	28.97	1,3-二甲基萘	89	2.1	1.43
56	29.51	(E)-2-甲氧基-4-(1-丙烯基苯酚)	96	3.11	4.65
57	60.61	十五烯	91	1.44	3.79
58	30.40	十五烷	91	6.08	—

续表

序号	保留时间/min	挥发性成分	匹配度	含量/(μg/g) 试验组	含量/(μg/g) 对照
59	32.62	1-十六烯	90	1.58	—
60	32.79	十六烷	92	0.97	—
61	37.20	十四烷	95	2.38	1.29
62	35.05	十四烷	95	—	0.86
63	35.47	肉豆蔻醛	95	1.75	—
64	37.55	蒽	92	1.44	—
65	39.81	棕榈酸甲酯	96	5.46	4.76
66	145.38	二十烷	95	2.91	4.53
67	41.10	1-十九烯	90	3.21	—
68	42.13	反式-4-戊基环己烷甲酸	47	—	1.26
69	43.23	亚麻酸甲酯	97	2.96	2.32
70	44.00	[1R-(1R*,4Z,9S*)]-4,11,11-三甲基-8-亚甲基-二环[7.2.0]4-十一烯	90	2.93	2.11
71	44.77	1-二十二烯	98	—	1.14
72	44.85	二十二烷	98	2.05	1.33
73	46.49	顺式-9-二十三烯	92	0.77	—
74	46.57	二十三烷	97	0.74	—
75	48.16	香叶基香叶醇	99	1.94	1.92
76	56.49	2,6,10,14,18-十二碳五甲基	98	0.79	—
77	46.48	环十五烷	96	—	1.05
78	49.78	二十五烷	98	—	1.48
79	51.37	二十六烷	97	—	0.72

表11.4　　　　　　　　　　烟草挥发性成分分类

组分类别	含量/(μg/g) 试验组	含量/(μg/g) 空白组	组分类别	含量/(μg/g) 试验组	含量/(μg/g) 空白组
酮类	27.19	25.15	醚类	1.89	—
醇类	5.63	5.83	酚类	111.45	92.93
醛类	46.72	41.30	杂环类	284.64	134.49
脂和内酯类	8.42	7.08			

11.4 小　　结

本试验以乳糖为碳源发酵制取精制胞外多糖，测得精制胞外多糖的组成中并不含有碳源提供的半乳糖基，葡萄糖基含量达 52.47%并且产生了核糖、阿拉伯糖和甘露糖 3 种糖基，由此推测，槐栓菌不能直接利用半乳糖基，而是将其转化进行利用。将制取的精制胞外多糖添加到烟草薄片中进行抽烟采样，通过对比烟气中挥发性物质发现，槐栓菌 EPS 对烟草香味成分的组成种类和含量均有很大影响，烟草香味成分含量有所提升，并且香味成分的种类增加，改善烟草烟气香味，其中的具体作用机制需要进一步的探索。

现阶段，对于吸烟对身体健康的影响越来越引起人们的重视，而多糖的抗氧化、抗癌、提高免疫力等生物活性的研究也越来越深入，以生物多糖作为添加剂添加到烟草中，改善卷烟品质，也是近些年研究的热点之一。实验研究了槐栓菌胞外多糖的糖基组成，并且将其添加到烟草薄片中探究其对香味成分的影响，虽然实验结果显示，多糖确实都能够提高卷烟的品质，但是否所有真菌胞外多糖都具有提高卷烟品质的功效，仍需进行补充；实验中，槐栓菌胞外多糖为 β-型多糖，而其他构型多糖对卷烟品质的影响也是一个探究的方面；此外，将真菌多糖加入卷烟，是否能够改善吸烟对健康的影响，也是值得探讨的问题。